U0041773

定位

**在眾聲喧嘩的市場裡，
進駐消費者心靈的最佳方法**

艾爾‧賴茲 Al Ries
傑克‧屈特 Jack Trout ———— 著

張佩傑 ———— 譯

POSITIONING
The Battle for Your Mind

企畫叢書 FP2218Y

定位

在眾聲喧嘩的市場裡，進駐消費者心靈的最佳方法

作　　　者	艾爾‧賴茲、傑克‧屈特(Al Ries & Jack Trout)
譯　　　者	張佩傑
編 輯 總 監	劉麗真
總 經 理	謝至平
責 任 編 輯	林詠心(一版)、許舒涵(二、三版)
行 銷 企 畫	陳彩玉、林詩玟
封 面 設 計	Dinner Illustration

發　行　人　涂玉雲
出　　　版　臉譜出版
　　　　　　城邦文化事業股份有限公司
　　　　　　台北市中山區民生東路二段141號5樓
　　　　　　電話：886-2-25007696　傳真：886-2-25001952
發　　　行　英屬蓋曼群島商家庭傳媒股份有限公司城邦分公司
　　　　　　台北市中山區民生東路二段141號11樓
　　　　　　客服服務專線：886-2-25007718；25007719
　　　　　　24 小時傳真專線：886-2-25001990；25001991
　　　　　　服務時間：週一至週五上午09:30-12:00；下午13:30-17:00
　　　　　　劃撥帳號：19863813 戶名：書虫股份有限公司
　　　　　　讀者服務信箱：service@readingclub.com.tw
香港發行所　城邦（香港）出版集團有限公司
　　　　　　香港九龍九龍城土瓜灣道86號順聯工業大廈6樓A室
　　　　　　電話：852-25086231 傳真：852-25789337
　　　　　　電子信箱：hkcite@biznetvigator.com
馬新發行所　城邦（馬新）出版集團
　　　　　　Cité(M) Sdn. Bhd.(458372 U)
　　　　　　41, Jalan Radin Anum, Bandar Baru Seri Petaling,
　　　　　　57000 Kuala Lumpur, Malaysia.
　　　　　　電話：603-90563833　傳真：603-90576622
　　　　　　電子信箱：services@cite.my
一 版 一 刷　2011年4月12日
二 版 一 刷　2019年1月3日
三 版 三 刷　2024年7月16日
ISBN 978-626-315-445-2
版權所有‧翻印必究（Printed in Taiwan）

售價：360元

（本書如有缺頁、破損、倒裝，請寄回更換）

城邦讀書花園
www.cite.com.tw

目次

維持領先地位的策略／有所不為／有所為，有所不為／接納新產品及新發展創意／產品的魅力／採行多種品牌／採納較廣的品牌名稱

推薦序

多年以來在行銷方面，我們總是教學生根據4P（產品〔Product〕、價格〔Price〕、通路〔Place〕、推廣〔Promotion〕）來建立行銷計畫。幾年前我開始察覺到，在4P之前必須採取一些重要的步驟，任何優秀的行銷計畫都必須從市場調查（Research）開始，優先於任何一個P。調查會顯示客戶有不同的需求、想法和喜好。因此，必須將客戶分門別類，也就是區隔S（Segments）。大部分的公司沒辦法顧及所有的客戶層，一間公司必須選擇一個以提供最良好的服務，這是選擇目標市場（Targeting）。現在，在4P前還有一道重要步驟要做，就是定位（Positioning）。這是賴茲和屈特在經典著作《定位》中介紹的劃時代新觀點。

定位，無疑是一個革命性的發想，因為它橫跨了其他四個P，賦予每一個P清晰且合理的定義。自從一九七二年兩位作者在《廣告時代》（*Advertising Age*）發表一系列文章後，行銷學科再也沒有統一的一天了。

定位會影響商品，富豪汽車（Volvo）刻意將安全性質融合進產品，成功地替它的品牌塑造了「安全」的定位。在這個過程中，來自瑞典的小公司一躍成為全球最強大的汽車品牌之

一（之後並以極高價賣給福特汽車）。

定位也可以影響商品的價格。Häagen-Dazs 故意創造一個高價的形象，順利地打造「優質」冰淇淋的定位，並使 Häagen-Dazs 成為行銷史上過去幾十年亙久不變的成功。Häagen-Dazs 的高價位行銷，還有沃爾瑪（Wal-Mart）和西南航空（Southwest Airlines）的低價位行銷。

定位還能夠影響商品通路。Hanes，褲襪的領導專櫃品牌，開發一個專為流通超市的褲襪產品，叫做「腳」（L'eggs）並使用蛋形包裝。這個「超市」褲襪的定位，不但讓「腳」獲得空前絕後的成功，也讓它成為國內褲襪界的第一品牌。

商品推廣也與定位密不可分。Little Caesars 能成為知名披薩品牌，便是靠著大力推廣「買一送一」的定位策略。他們的「披薩、披薩」曲調，成為史上最讓人印象深刻的廣告節目之一，也讓 Little Caesars 迅速成長為知名連鎖披薩店。遺憾的是，Little Caesars 之後捨棄了買一送一的原則，銷售也隨之一落千丈。這個例子讓我們深深體會到定位強大的影響力，更讓我們了解到改變長久以來的定位的困難。

行銷不是停滯不前的一門學科，它隨時在變換。而定位學說正是其中一個維持行銷如此充滿活力、有趣以及迷人的革命性改變。當你開始鑽研這本創新的書時，我認為你會發現「定位」不但是活生生且好用的工具，也是創造與維持市場中的真正區別不可或缺的元素。

菲利普‧科特勒

西北大學凱洛格管理學院

前言

本書所要介紹的就是一個名為「定位」的新溝通方法，而且書中所舉的例子也都是取材自最難溝通的行業——廣告業。

「現在，我們碰到一個難題——溝通失敗。」

你是否時常聽人提起上述的難題？「溝通失敗」是人們在遭遇到難題時，最常使用的一個「藉口」。

企業的難題、政府的難題、勞工的難題，以及婚姻的難題。但願人們能多花點時間在情感的溝通及動機理由的解釋上，那麼世界上許多難題或許會在無形中就消失了。

大多數的人們好像都認為，只要雙方坐下來談一談，不管是任何難題都能迎刃而解。

這似乎不太可能。

在今天，溝通本身即是一個難題。美國社會已成為當今全世界第一個溝通過度的社會。每年，我們總覺得付出過多而回收過少。

一個新的溝通方法

本書所要介紹的就是一個名為「定位」的新的溝通方法，而且書中所舉的例子也是取材自最難加以溝通的行業——廣告

業。從消費大眾的眼光來看，廣告是最為消費者所輕忽的一種溝通形式。對於大多數人來說，廣告常常是最被鄙視的。

對於絕大多數的知識分子來說，廣告是絲毫不值得加以重視的，因為廣告的目的就是要讓全體美國人出賣其靈魂。

或許，正因為廣告是如此地惡名昭彰，使得它成為最適合用來測試各種溝通理論的最佳行業。若有一種溝通理論在廣告業行得通，那在其他諸如政治、宗教或其他需要依靠大眾傳播的活動中，必然也能通行無阻。

本書的實例雖大多取材自廣告業，但也有些是取材自政治、戰爭、商場，甚至對異性之追求等領域。總歸一句話，只要是任何需要影響人們心意的活動，例如促銷汽車、可樂、電腦或是助選，甚或是自我推薦……等，皆是本書所引介的溝通新方法所能適用的。

定位**觀念的推出，已對廣告業造成本質上的改變。定位雖然是一種極為簡單的觀念，但許多人迄今仍不知道它的威力是相當驚人的。幾乎每一位成功的從政者皆是定位的實踐者。

「定位」的定義

「定位」應該是從一個產品、一件貨物、一項服務、一個公司、一個機構，甚或是從你自己做起。

但是，定位並不是要對產品的本質有所改變。**定位其實是指你對你所要影響的人的心理有無造成改變。換句話說，就是將你所要推銷的產品在消費者的心裡占有一席之地。**

所以將定位視為改變產品本質是一個非常錯誤的觀念，因

為你並沒有對產品本身造成絲毫改變。

當然，這並不是說定位完全沒有改變之含義。正好相反，定位通常都意味著需做些改變。但是指對產品的名稱、價格及包裝做改變，至於產品本身則是絲毫未變的。對產品外觀的改變其主要的目的是，希望能使其在消費者心中留下深刻的印象，如此而已。

在我們這個過度溝通的社會中，定位可說是解決視而不聽、聽而不理此一難題之不二法門。

如何開始「定位」

在過去幾十年中，定位此一名詞可說是已在廣告業裡造成了一陣旋風。定位已成為廣告業者、推銷員及行銷人員間最常使用的流行語。這情形不僅發生在美國，就連全世界亦是流風所及。教師、從政者，以及撰寫社論的人員也常使用到此一名詞。

大多數的人都認為，在一九七二年當我們在《廣告時代》雜誌上連續使用冠以「定位世紀」這四個字時，是定位正式問市的時候。

自從那個時候開始，我們在全世界二十一個國家對廣告業者已進行了超過一千場次的講座。而且，我們也已送出了超過十五萬本內容收輯了發表在《廣告時代》上的文章之橘色小冊子。

定位已經改變了今天廣告業界的遊戲規則。

「我們的咖啡銷售量高居全美第三位」，這是出現在山卡

電台（Sanka Radio）裡的廣告。

全美第三大？這些過去《廣告時代》裡常被使用的廣告詞——例如「最大」、「最好」——到底能有多大的用處呢？

老實告訴你吧，那些舊式的廣告詞已隨著過去的廣告年代而煙消雲散了。在當今的廣告年代裡，你會發現，業者使用的是「比較級」而不是「最高級」。

「既然艾維斯只不過是全美第二大汽車租賃公司，那我幹嘛要駕著它的車去兜風呢？」消費者一定會如是想。

「七喜：非可樂喔！」

這個廣告詞沿著麥迪遜大道隨處可見，這正是運用定位標語的最佳實例。製作此一廣告的廣告人也確確實實地將製作費花在刀口上。可以想見的，他是在為產品找尋定位，以便在市場占有一席之地。以上是運用定位策略的一個實例，而你也大可將此一策略善加運用在其他方面。

能夠隨時善加運用定位策略的人，無疑地將會成為人生競賽中的佼佼者。同時，你也不得不留意，因為若不運用此一策略，你的競爭者必然會使用此一策略來對付你。

第1章
定位究竟是什麼？

定位的最基本方法並不在於發明一些新奇的點子，而是要能掌握消費者的內心世界，並試圖將其內心世界和企業產品的企畫相結合。如果不能做到這一點，那麼定位也就了無新意了。

　　在一個以創意著稱的廣告界，何以像定位如此難以推銷的策略概念會變得這麼受歡迎？

　　事實上，過去這十年可說是一個注重返璞歸真的十年。白衣騎士（Ajax 去污粉之商標人物）及黑眼罩（Hathaway 襯衫的商標人物）已被如「米樂牌（Miller）淡啤酒，淡淡的滋味正是您一直想要的」等定位概念所取而代之了。

　　比較琅琅上口？沒錯。比較出奇制勝？也對。但更主要的是，這樣比較直接了當地把定位概念清楚地表露無疑。

　　在今天，若想有所成功，就必得先認清真相。而唯一最值得注重的真相就是──消費者內心到底在想什麼？

　　為了要多些創意而憑空創造出一些消費者內心所不曾想到過的？這樣不僅很容易挖空心思，即使非常有創意，也未必會為消費者所接受。**定位的最基本方法並不在於發明一些新奇的點子，而是要能掌握消費者的內心世界，並試圖將其內心世界和我們的世界相結合。**

過去有效的策略，在今天的市場裡絕對不會引起任何反應。今天的市場裡實在有太多的產品、太多的公司以及太多的噪音。

對於定位持懷疑態度的人最常提出的問題是：「為什麼我們必須以新的方法來從事廣告及促銷？」

溝通過度的社會

答案是，我們現在的社會已變成一個溝通過度的社會。美國人每人每年的廣告消費是376.62美元（世界其他地區才不過16.87美元）。

假若你每年花一百萬美元在廣告上，每位消費者在未來一年內接受還不到0.5分的廣告消費，而他所接觸的其他諸多產品的廣告花費則是376.615美元。

在我們這個溝通過度的社會裡，假如要求你談談你的廣告之效力，那很可能你會對其所要傳達之訊息的效力稍加誇大。廣告並不是像長柄大槌那般地威力易見。相反地，廣告比較像一層薄霧，一層非常薄的薄霧，輕輕地籠罩在消費者身上。

在溝通的叢林裡，若想一鳴驚人，那一定得具選擇性，只著重在一些特定的目標上，以便有所區隔。簡而言之，就是定位。

今天的消費者每天都要接受大量廣告的疲勞轟炸，長久以來，使得他們的心理早就習慣性地會過濾及悍然拒絕大多數廣告所發出的訊息。一般來說，顧客的心理只會接受那些和其知識或過去經驗相契合的廣告訊息。數百萬元就耗費在企圖改變

消費者心理的廣告上，其實，一旦消費者的心意已定，是不可能改變的，尤其是一般廣告的說服力通常是相當薄弱的。「千萬別想用一些所謂的事實來混淆我，我的心意已定。」這是大多數人的共同心理。

一般人在被告知一些從未知曉的事時，通常都會感到好奇並想一探究竟（這也就是為何「新奇」是一個非常有效的廣告方法）。但是當廣告裡的訊息暗指他們的想法是錯誤的時候，通常他們都無法忍受。意圖想改變消費者心理的廣告，多半會招致失敗。

「愈簡化，愈好」的心理

生活在過度溝通的社會裡，人們唯一的防衛之道就是——愈簡化愈好。

除非有人能將一天只有二十四小時的自然法則加以變更，否則一天中能塞進人們心裡的東西畢竟有限。

一般人的心理就好比已濕透的海綿，所能吸收的資訊是有一定的量度。但是廣告人卻一再地將資訊倒入海綿，最後卻非常失望地發覺，這些資訊絕大部分都無法被吸收。

廣告業當然只不過是溝通這座冰山的一角而已。我們時常不知所措應如何和他人溝通，而此種不知所措、效率奇差的溝通卻又成等比級數地快速增加。

媒體雖然和訊息大不相同，但媒體卻對訊息產生重大的影響。媒體所扮演的不是傳播系統，而是一個過濾系統。到頭來僅有極少部分的訊息會留在消費者或訊息接收者的心裡。

更何況，訊息接收者還無可避免地時常要受到我們這個溝通過度社會的影響。「閃亮的絕大多數」已成為這個社會的一種生活方式。我們時常會過度簡化，但也不得不如此，因為這是唯一的應變之道。

從純技術面來說，我們可以輕易地將溝通量增加至少十倍以上。衛星電視正日益普及化，使得每個家庭的電視頻道增加到約一百個。

菲利浦北美公司（North American Philip）最近新開發出一個外型只有三‧五英吋大小，卻能儲存六百個百萬字元（megabyte）的資料元磁碟片。此一磁碟片容量之大足可以將整部大英百科全書都存進去。

這真是一項驚人的突破，但是有誰會想到下工夫來研究人類心靈的磁碟片呢？又有誰會想到，幫助消費者來對過分氾濫的資訊找出一個因應之道呢？到最後，消費者除了對絕大多數唾手可得的資訊加以謝絕外，真是別無他法呀！如此一來，吾人可說，溝通本身早就已經出現溝通方面的難題了。

傳送簡化的資訊

對於過度溝通的社會，我們所應採行之方法就是——傳送簡化的訊息。

溝通和建築設計一樣，愈簡化愈好。一定要先將所要傳送的訊息修剪後，才有可能獲得消費者的青睞。而且還要將模稜兩可的詞彙剔除，將訊息盡可能地簡化，唯有如此，才能在消費者心裡留下良好的印象。

靠溝通的行業維生的人都知道，簡化是非常重要的。

比方說，要幫一位有意從政的候選人競選。由於只有極少數的資訊會為選民所接收並植入其心裡，因此主要工作並非一般所謂的溝通。

你的工作是要善加篩選，以期選出能讓選民印象深刻的題材來發揮。當想要讓他人知道你的候選人或產品，甚或是你自己的優點時，策略應是反其道而行。

解決難題之道並不是從產品本身或是你自身著手，而應該從消費者或是訊息接收者的心理下手。

換句話說，既然訊息只有極少部分得以對消費者產生作用，因此作法應是不顧訊息傳送這一方，而將重心放在訊息接收者這一方。所需注重的是消費者的心理而不是產品的本質。

約翰·林德斯（John Lindsay）曾說過：「談到政治，認知就是事實。」同理可證，在廣告業、在商場、在實際生活中，亦可做如是觀。然而，事實是什麼呢？真實的情況到底是如何呢？

什麼是事實？什麼是客觀的事實？似乎每個人都直覺地認為自己的看法是最接近事實。當我們在談論事實的時候，我們談的又是哪一類的事實？是從內看的事實亦或是從外看的事實？

其實都沒有什麼差別，既然消費者永遠都是對的，那更進一步推想，豈不是意味著賣方或是廣告者永遠是錯的。

當然啦，說訊息傳送者是錯的而接受者是對的，這句話是有點冷嘲熱諷，不過卻也是別無選擇，除非你不希望你的訊息為消費者所接受。

除此之外，又有誰敢大膽地說從內看的觀點要比從外看的觀點較為正確呢？**藉由將過程反其道而行——將重點放在顧客而不在產品——你可將篩選的過程大為簡化，**而且學習到大幅提升溝通效率的觀念和理論。

第2章
過度溝通之害

今天，是一個資訊不足的時代，也是一個資訊氾濫的時代。也就是說，在排山倒海的資訊中，人們如何選擇自己所需要的，摒除自己所不要的。唯有如此，才能完全脫離過度溝通之害。

美國是一個對於「溝通」概念非常情有獨鍾的國家。（以前在小學裡玩的遊戲——「解說東西」，現在也都被改名為「溝通」。）可是我們卻常常無法了解到，這個過度溝通的社會是如何地被溝通所殘害。

在溝通時，說得愈多，效果反而愈差。長久以來，由於過於妄想倚靠大量的溝通來解決一連串的社會及經濟難題，以致於各方溝通管道皆已飽嚐塞車之苦，僅有極少數的訊息得以真正溝通。但真正溝通過的訊息，卻常常未必是最重要的議題。

以廣告、出版、報業為例

就以廣告業為例好了。美國人口僅占世界百分之六，但其廣告量卻占全世界的百分之五十七。（或許，你會認為美國人對能源之使用過於浪費，但事實上，美國人的能源耗費量只占全世界的百分之三十三。）當然，廣告業只不過是諸多和溝通

有關的行業或活動中極為少數的一環而已。

　　再舉出版業為例。美國出版界每年大約出版三萬本新書。或許你不覺得這個數量有什麼了不起，但這三萬本新書每天二十四小時不停地閱讀也要十七年後才能讀完，那就不得不對它另眼看待了。

　　誰趕得上？

　　舉報業為例好了。美國報業每年所使用的新聞用紙超過一千萬噸，也就是說，每個美國人平均每年消耗的新聞用紙高達九十四磅。

　　一般人能否將這九十四磅的新聞資訊完全消化是個很大的疑問。像《紐約時報》這樣的大型報社，其週日版的重量達四‧五磅，而其內含的字數則超過五十萬。假若以每分鐘閱讀三百字計算，想將週日版閱讀完畢需花費二十八個小時。如此一來，不僅星期天完全泡湯了，連其他日子的時間也將受到波及。

　　那到底有多少達到了溝通的目的呢？舉電視為例。電視這種媒體至今已有三十五年歷史，雖然是一種極具說服力的媒體，但它至今還是未能取代收音機和雜誌。這三大傳播媒體可說是日益精實壯大。電視是一種具等加級數威力的媒體，其威力也確實驚人，有百分之九十八的美國家庭至少擁有一部電視機（有三分之二的家庭擁有兩台或兩台以上）。

　　在擁有電視的家庭中，有百分之九十六的家庭可以接收到四家以上電視台的節目（有三分之一的家庭可接收到十家以上的電視台節目）。一般美國家庭每天看電視的時間超過七小時（也就是說，一星期看電視的時間超過五十一小時）。

電視影像和電影影像的原理大同小異；皆是一分鐘之內將一個靜止畫面連續跳動三十次；也就是說，一般美國家庭成員每天要暴露在七十五萬張電視影像前。如此一來，每天都接收到大量對生命具危害性的輻射線。

再舉影印機為例。美國商界每年用掉的影印紙高達一‧四兆張，平均每個工作天用掉五十六億張。

在五角大廈裡，單是供國防部內部流傳的影印資料，每天就要用掉三十五萬張影印紙，而這些紙張量可以用來出版一千本大部頭的小說。馬歇爾（Field Marshal Montgomery）將軍就曾說過：「當交戰的國家用完紙張時，第二次世界大戰就會結束了。」

再以包裝業為例。一盒八盎司裝的總匯（ToTal）牌早餐穀片，盒上的文字共一千二百六十八個，還不包括盒內附贈的一本與營養有關的小冊子（該小冊子共有三千二百字）。

對於消費者心理的迫害案例子真是多得不勝枚舉。美國國會一年大概通過五〇〇條法令（真是有夠多了），但在同一年內，國內的其他立法機構又頒布了一萬條以上的規章。

這些立法機構在立法時的用詞量也是完全不知節制。例如：〈對上帝的禱告文〉有五十六字；〈蓋茨堡演說〉有二百六十六字；〈十誡〉有二百九十七字；〈獨立宣言〉有三百字；而最近美國政府為求穩定甘藍菜價格的一條律令，竟然高達二萬六千九百一十一個字。

而就州的層次來說，每年引介了超過二十五萬條的法令。其中有二萬五千條經立法通過，但大多數到最後仍是消失在浩瀚的法條之海裡。

對法律的無知並非藉口，立法者本身的無知才是真正的主因。我們的立法者一再地通過一些使人無從記起的法條。即使有人能記得，但能否記得其他各州對相同法條有不同的解釋嗎？請注意，美國共有五十個州。

又有誰會去讀、看，或傾聽這些以排山倒海之勢湧向自己的溝通呢？消費者心靈接收站前早已擠滿了一大群溝通的訊息。如此大塞車之情況，縱使引擎已過熱，性子已耐不住，但都於事無補。

喬治・布希、泰德・甘迺迪，以及雪佛蘭

民眾對喬治・布希（George Bush）的了解有多少？大多數的人都只知道以下三點：(1)他長得還滿帥的；(2)他是德州人；(3)他是美國的總統。

對於一個自成年以來就一直在政府部門服務的布希來說，大眾對他的了解還真是不多。然而僅就上述三點就足以讓布希當上一九八八年的美國總統。

事實上，你要是知道許多美國人對布希的陌生程度，恐怕會大吃一驚。根據《時人雜誌》（*People magazine*）的一項問卷調查顯示，超商裡的顧客中，有百分之四十四並不知道布希是何許人也，雖然當時他已當了四年的美國副總統。

但是卻有百分之九十三的消費者認得寶鹼（P&G）生產的一種瓶子上有小精靈的清潔劑──克林先生（Mr. Clean），雖然克林先生已有十年未在電視廣告裡出現，但大眾仍還認得他，可見那個廣告訊息當初是如何地深植人心。

民眾對泰德‧甘迺迪（Ted Kennedy）的了解有多少？很可能要比對布希的了解來得多。甚至，了解程度之深，足以使他因而在下屆總統大選中落敗。

在一個過度溝通的社會中，想要進行真正的溝通是相當困難的。其實，**在很多種情況下，不溝通反而比試圖溝通要好，若真的想溝通，至少也要能為自己取得得以長期定位的優勢，如此一來，才能在消費者心中留下深刻印象。**

以下這些字詞會引發你有什麼樣的聯想？Camaro, Cavalier, Celebrity, Chevette, Citation, Corvette，以及 Monte Carlo，是汽車款式的名稱嗎？在發覺這些款式都是雪佛蘭的車型名稱之後，是否會覺得訝異不已？

雪佛蘭產品的廣告量頗為驚人。最近一年，通用汽車（General Motors）還花費了1億7800萬美元來為雪佛蘭車系大做廣告。屈指一算，等於每天花48萬7000美元，每小時花2萬美元的廣告費，但是你對雪佛蘭的了解有多少？是有關於它的引擎、排檔，或是輪胎？是有關於它的座位、椅套，或是方向盤？請務必老實說，你對雪佛蘭的各車系了解有多少？知道各車系的個別差異嗎？搞糊塗了，是不是？

要想解決過度溝通社會裡的種種難題，唯一解決之道就是定位。想疏通消費者心中的大塞車，一定得運用麥迪遜大道（Madison Avenve，譯註：該大道為紐約市的廣告街，著名廣告公司林立）的一些廣告技巧。

在美國，有將近半數的工作都可被歸類為與資訊有關的行業，因此有愈來愈多的人一再地企圖想解決我們這個過度溝通社會所引發的一些難題。

不論你所從事的工作是否和資訊業有關，都可以從麥迪遜大道的課程中獲益良多。當然這些課程不僅在上班時用得到，即使下班後仍可派上用場。

媒體爆增的時代

　　另外一個使訊息失效的原因則在於各式各樣傳播媒體的發明，使得溝通管道呈爆炸式地劇增。

　　電視台至少就可分成商業台、有線台及付費台三種；電台則至少有 AM 及 FM 兩種；戶外廣告則又可分成海報及廣告招牌兩種；報紙則有早報、晚報、日報、週報及週日報等；至於雜誌，則有商業雜誌、貿易雜誌、大眾化雜誌、專業休閒雜誌、針對某特定階層的雜誌等。

　　而任何可以移動的東西，例如公車、卡車、電車、地下鐵、計程車等，都可以成為訊息的帶動者；連個人都可以成為名牌衣飾的活動廣告。

　　再舉廣告業為例。在二次世界大戰結束不久，美國人每人每年的廣告消費額是 25 美元。到了今天，這個數字已漲了十五倍（通貨膨脹當然是一大因素，但廣告量大增也是不爭的事實）。

　　然而，你對所購買產品的了解度是否也增加了十五倍呢？你或許接觸了更多的廣告，但心裡卻只能吸收一定數量的廣告而已。其實，每個人的廣告吸收量真的有限，即使是每年 25 美元的廣告消費都很可能已超過了此一限度。

　　美國人在平均每人每年的廣告消費額達 376 美元時就已是

加拿大人的兩倍，英國人的四倍，法國人的五倍。

　　或許沒有人會對廣告主的財務能力產生質疑，但是我們卻不得不懷疑消費者對廣告的吸收量究竟有多少。

　　每天，數以千計的廣告訊息互相競爭，為的只不過是想在消費者的腦海裡占有一席之地，而且千萬不能有任何差錯，因為消費者的腦海真是一片競爭激烈的戰場。這場戰爭不僅激烈，又沒有陣地及碉堡。

　　廣告是一種一出差錯就會付出慘烈代價的行業。但在經過無數場戰爭後，也從中發展出一些理論，有助於解決過度溝通的社會所引發的難題。

產品爆增

　　另一個造成廣告訊息失效的原因則是因為產品的數量和種類與日俱增。

　　就以食品業為例。一般美國的超級市場裡展售不下一萬兩千種各個不同廠牌的產品。對消費者來說，真是再多眼也望不完。事實上，產品的爆增很可能愈演愈烈。在歐洲，很多廠商在興建比超級市場還大的所謂「大賣場」（hypermarket），場地的擴大相對也使展售的產品更是琳琅滿目，數也數不完。位於辛辛那堤市的一座名為「大大」（Biggs）的美國第一座大賣場，其貨品之廠牌及種類已高達六萬種。

　　顯然地，貨物包裝運輸業也推測該產業可望欣欣向榮。當今的統一商品條碼（UPC）已達十位數（美國社會安全卡上的號碼才只有九個位數，而這套系統是計畫用來處理高達兩億以

上人口所設計的）。

此種爆增的情形同樣也發生在工業界。根據統計，全美登記有案的產業公司至少有八萬家。隨便舉兩大類來說好了，生產離心機幫浦的廠商有二百九十二家，生產電子控制器的則有三百二十六家廠商。

根據美國專利局的統計，全美有五十萬登記有案的註冊商標，而且平均每年會有二萬五千個新商標加入登記（請別忘了，市場上仍有數十萬種產品是沒有商標的）。

在紐約的證券交易所共登記有一千五百家公司，這些公司每年平均引進了不下五千種的新產品。至於全美其他各式各樣總數達五百萬家的公司，其在市場上推出的產品或服務性商品更是不計其數。

再以醫藥界為例。全美的醫藥市場大約有十萬種處方藥劑，雖然其中也有不少是由醫學專家指定開立給病人使用，但絕大多數都是由開業藥劑師依醫師處方箋來配藥。對於這些藥劑師來說，要把市面上這些藥品的名稱都記住可真是項艱鉅的工程。

其實，與其說艱鉅倒不如說是完全不可能要來得貼切，若能記得其中一些藥名就很不錯了，就連世上最聰明的人也無法將這十萬種藥名一一記在腦中。

一般人是如何處理這些爆增的產品及傳播媒體呢？老實說，處理得並不是很好。根據多項研究結果顯示，許多人的腦子已出現一種「過度感覺」的現象。

科學家發現，一般人所能接收的感覺是有一定限量的。超過此一限量時，頭腦會一片空白，也會拒絕進行正常運作。

（牙醫師常喜歡根據此一發現，將其運用在行醫上。他們會將耳機放入病人耳中，並將音量盡量調高，直到病人因此忘記疼痛為止。）

廣告爆增

當廣告之效力每況愈下的時候，廣告量卻大量激增，這真是相當矛盾的事。不僅數量急遽增加，就連借助廣告的人也快速增加。

醫生、律師、牙醫以及會計師等各行各業的人也都開始依賴廣告來打響知名度。甚至像教會、醫院，以及政府等機構也都設法為自己打廣告（美國政府最近一年花在廣告上的費用即高達2億2885萬7200美元）。

專業人士過去一直認為打廣告會破壞其事業形象。但由於競爭日益激烈，使得律師、牙醫、驗光醫師、會計師及建築師等也不得不借助廣告來為自己促銷。

總部設在克利夫蘭市的海德法律顧問公司（Hyatt Legal Services）每年花在電視上的廣告費達45萬美元。至於另一家規模頗大的法律顧問公司賈科比和梅爾（Jacoby & Meyers），其每年的廣告花費也相當可觀。

在醫界方面，也漸漸需要打廣告了，理由很簡單：我們這個過度溝通的社會同時也即將成為一個醫師過剩的社會。根據美國衛生部的估計，到了一九九○年，過剩醫師的數量將達到七萬名。這些過剩的醫師要如何讓病人上門來求診呢？當然就是靠廣告了。

反對打廣告的專業人士認為這有損其專業形象，確實沒錯。可是在今天，若想藉由廣告而達到有利的促銷，那這些專業人員勢必要從偶像的地位上走下來，將耳朵靠緊地面，聽一聽客戶到底需要的是什麼？

第3章

如何進入心靈

定位就是專為打開消費者心靈的有效方法。它所根據的概念即是：「只有在適當的時間及適當的狀況下，才能達成和消費者真正的溝通。」

在過度溝通的社會裡，很矛盾的是，沒有任何一件事要比溝通來得重要。有了溝通，事事行得通；沒有溝通，縱使有通天的本領及旺盛的企圖心亦屬徒然。

一般所謂的運氣，常常是經過成功溝通之後的必然結果，也就是在適當的時間，對適當的人說適當的話。若你在休士頓（太空總署所在地）遇見太空總署的人，那就和他聊聊太空吧。

定位就是專為打開心靈的一扇窗的一個有組織的好方法。定位所根據的概念是——只有在適當的時間及適當的狀況下，才能達到真正的溝通。

進入心靈的方法

打開一個人心靈的簡易方法就是要搶先，你可以藉著問自己一些簡單的問題來證明此一方法是否有效。

第一位單獨駕機橫越北大西洋的人是誰？是查爾斯·林白

（Charles Lindbergh）。

第二位單獨駕機橫越北大西洋的人是誰？很難回答了。

第一位在月球上步行的人是誰？是尼爾‧阿姆斯壯（Neil Armstrong）。

第二位呢？

世界第一高峰？是位於喜馬拉雅山的聖母峰。

第二高峰呢？

你第一次做愛的對象？

第二次的對象？

搶得第一位置的人、事、物通常都會長留人心且不易被遺忘。例如，照相業的柯達（Kodak），衛生紙業的可麗舒（Kleenex），影印界的全錄，租車界的赫茲，可樂界的可口可樂（Coca Cola），電子業的奇異（General Electric）。

當你想將自己的訊息植入顧客腦海時，所需注重的並不在於訊息本身，而是在於顧客的心，一顆天真無邪的心。這顆心一定是從未和其他廠牌接觸過。

在商界行得通的，在大自然界也一定行得通。「印跡」（imprinting）是動物學家用來解釋一個新生動物和其母親第一次接觸時的一個專有名詞。這種第一次接觸通常只有幾秒鐘，但母親的影子卻從此深深烙印在新生兒的腦海。

或許，你會認為所有的鴨子長得都一模一樣，可是即使是才出生一天的小鴨子，不管牠是置身於多大的鴨群中，牠將永遠會認得自己的鴨媽媽。

若是在印跡的過程中，因一條狗、一隻貓，或是一個人的出現而中斷了，那這隻小鴨以後會將這個中途出現的狗、貓或

是人類當成其母親──雖然牠的這個母親長得實在不太像鴨類。

一見鍾情也是一個相似的現象。無可否認，人類是比鴨子等的生物來得挑剔，但人類的挑剔程度也沒有一般人所認為地那麼高。

這其中最主要的因素就在於接受度。兩個人一定要在雙方都對某個事物的看法有相似接受度的情況卜相遇才可行。雙方必須先要具有可供開放的心靈之窗；換句話說，也就是雙方必須都還沒有中意的對象。

婚姻這個人類的社會制度是根植於「先到的」比「最好的」更好的概念上。商場上也是如此。假若您想在商場或情場上春風得意的話，可得先要好好體會先植入腦海這個概念。

在超級市場裡為自己的產品品牌和顧客建立互信的關係，就如同你和配偶在婚姻裡建立互相忠誠的關係一樣。作法和程序都是搶先植入人心，再加以鞏固，使其心意不易改變。

無法搶先就難植入人心

假若你的名字不是林白也不是赫茲呢？假若已有人搶先一步登陸並植入顧客的心中呢？在世界出版史上銷售量最大的書是哪一本？當然是非《聖經》莫屬。然而，世上銷售量第二高的書呢？應該沒有人會知道。

紐約是美國最大的貨運港，這是人盡皆知的事。但第二大港呢？是位於維吉尼亞州的漢普頓水道（Hampton Roads），但知道的有幾人呢？

誰是世上第二個隻身駕駛飛機橫越北大西洋的人呢？（亞美利亞·爾哈特（Amelia Earhart）是世上第一個隻身駕機橫越北大西洋的女性，她不是第二位，那誰是第二位女性呢？）

假若無法搶先植入顧客心中，要定位的話就相當困難。

在體育競賽的賭博中，通常都是下注給最快的馬、體力最好的隊伍，或是最強壯的球員。有人就曾說過：「最快、最強壯的並非每次都會獲勝，但是賭客的心仍然意屬他們」。

但是，在心智的競賽中，情形可就不是這樣了。一般消費者所屬的幾乎都是那些第一個人、第一個產品，或是第一位競選人。廣告也是一樣，第一個產品由於可先定好位置，因此占有極大的優勢。全錄、拍立得（Polaroid）僅眾多實例中的兩個案例而已。

在廣告宣傳時，若該產品是該產業中的最佳產品，當然很好。但若是拿第一個產品來比較，寧可要第一而不要最好，因為成功率較高。

第二位隻身駕機橫越北大西洋的人其駕駛技術或許要比第一位好，但是他的名字卻不為人所注意。對於身處第二、第三、甚或第四時，有不同的定位策略（在本書第八章：「對競爭者反定位」會討論到）。不過，首先要確定自己是否真的是捷足先登。當一條小池塘裡的大魚（然後再伺機擴大池塘的容量），要比當一條大池塘裡的小魚要好得太多了。

廣告業從教訓中學習

廣告業在吃足了苦頭之後，才領悟到「林白駕機」的道

理。有些公司仗恃著擁有廣大的財力及人力，因而認為任何的促銷活動都應馬到成功。

海灘上不斷累積許多沖上岸的殘骸——杜邦公司的考爾凡人造皮（Du Pont's Gorfam）、蓋林格（Cablinger）的啤酒、適意（Vote）公司的牙膏，以及安蒂便捷（Handy Andy）的清潔劑。世界不會永遠一成不變，廣告業當然也要推陳出新才行。

許多公司都卯足全力來促銷，但在每家雜貨店及超級市場裡依然堆積了一個架子又一個架子的「半成功」品牌產品。這些有意加入市場競爭的廠商總是天真地認為只要廣告做得成功，產品就一定能分食到市場的一塊大餅。

同時，這些廠商也以折扣券等現場廣告的活動來促銷，然而卻始終不見獲利，而那些所謂「成功的廣告」似乎也無法打響品牌的名稱。也難怪從事管理的人士對廣告的效益開始產生疑慮。

市場上的混亂現象正反映了一個事實——過去的廣告方式現在已行不通了，但是要將以前那套方式丟棄卻也非易事。有位擁護老套廣告手法的廣告人就曾說：「只要產品優良，再加上計畫周詳和極富創意的廣告，必能為產品的銷售創出佳績。」

可是，這些極為擁護舊式廣告手法的人卻忽視了一項重大因素——市場本身。直到如今，擁護舊式廣告的聲浪仍舊相當高。傳統守舊的傳送訊息方式根本不可能在今天這個過度溝通的社會中有所成就的。

為了對今日的廣告發展有所了解，我們不妨先大略地流覽一下溝通的近代史。

產品的紀元

在五〇年代的時候，廣告業可說正處於一個產品的紀元，這真是一段令人懷念的美好時光。只要拿出一些錢來做廣告，廣告內容也只要對產品略加渲染性地誇讚，那產品的銷售量就很容易達到預期的目標。

在那個年代，廣告人所需要專注的只有產品的特色和消費者可以從產品獲得什麼好處。也就是說，他們所追求的是「獨特的賣點」。

然而，在五〇年代末期，科技開始嶄露頭角，使得獨特的賣點此一廣告手法愈來愈禁不起考驗。在五〇年代末期各廠牌之產品紛紛加入競爭，試圖分食市場大餅，也使得產品的紀元不得不告一段落。各路英雄好漢皆聲稱自己的產品具有獨特的賣點，比別人的好。

競爭不可謂不激烈，但通常都不是很誠實的競爭。曾經有人聽見某位產品部門經理說：「或許你還不知道，去年我們實在不曉得要說些什麼才好，所以只好將『新改良品』這幾個字加在產品的包裝上。今年研發人員真的將產品大為改良一番，可是這回我們卻不知道應該在包裝上加什麼廣告詞了。」

形象的紀元

緊接著產品紀元的是形象紀元。一些成功的公司終於發現，品牌的聲譽或形象要比「獨特的賣點」要來得重要且管用多了。

形象紀元的開創者是大衛‧奧格威（David Ogilvy）。他在一場有關形象的著名演講裡曾提到：「每一次的廣告，就是對該品牌的形象做一次長遠的投資。」而且，他也舉了萊禮自行車（Rolls Royce）、海賽威襯衫（Hathaway Shirts）等其他產品的廣告案例來支撐其論點。

然而，就如同想分食市場大餅的產品將產品紀元消滅一樣，想分食市場大餅的公司也將形象紀元結束掉了。**當每一家公司極力想為自己建立起聲譽的時候，由於各家公司眾說紛紜，導致最後只有極少數公司成功建立其特有的形象。**

而在這些成功的公司中，絕大多數又都主要藉由其特殊產品的成功研發，而不是藉由廣告來建立起良好形象，最明顯的兩個例子就是全錄和拍立得。

定位的紀元

在今天，很明顯地，廣告已進入一個新的紀元，在這新紀元中，創意已不再是主宰成功之鑰。六〇和七〇年代以逸樂為導向的風氣，已被八〇年代以實際為取向的風氣所取代。

為了要在這個過度溝通的社會中獲得成功，廠商一定要想盡辦法，在消費者心中占有一席之地（也就是定好位置）。而在定位時，務必將本身的優缺點及競爭者的優缺點詳加比對。

廣告已邁入一個以策略為主的紀元。而在這個定位的紀元，單靠發明或創新產品是絕對不夠的，而是要能打動消費者的心。電腦並不是IBM發明的，而是蘭德（Sperry-Rand）公司。但是，IBM卻是第一個將電腦這種產品植入消費者的內心

世界。

亞美利哥的發現

　　同樣的情形也發生在十五世紀哥倫布（Christopher Colum-
bus）發現新大陸時。每位小學生都知道，哥倫布在發現新大
陸之後並沒有得到任何獎賞。他的錯誤就在於一心只想尋找黃
金，而且在發現新大陸時也三緘其口未讓世人知道。

　　但亞美利哥（Amerigo Vespucci）可就不同了。他就好像
是十五世紀的IBM，雖然他落後哥倫布五年，卻做對了兩件
事。首先，他將這個新世界定位為一個和亞洲完全不同的新大
陸。這對當時的世界地理產生極大的變化。接著，他又將其發
現及新定位的理論廣為流傳。他在第三次航行中共寫了五封
信，其中有一封（內容是有關於他所發現的新世界）在二十五
年內就被譯成四十種不同語言的版本。

　　在他去世之前，西班牙除了授予他加斯底加區榮譽公民
證，也聘請他擔任政府重職。最後的結果是：歐洲人一致承
認，是亞美利哥發現美洲大陸，並以其名Amerigo 為新大陸的
名字——美洲（America）。至於哥倫布，則於獄中鬱鬱以終。

麥格黑啤酒的發現

　　從前偉大的廣告撰稿人雖然早已作古，但他們若是看到現
在的廣告活動，恐怕也會傷心地再死一次。就以啤酒廣告為
例。在過去，這些廣告撰稿人的作法是：先對產品仔細地端詳

一番，然後根據產品的特性，想出廣告詞來。比方說皮爾（Piels）廠牌的「純生啤酒」，及百齡罈（Ballantine）廠牌的「低溫釀造的威士忌」。

更早期的廣告撰稿人甚至會腸枯思竭地使用廣告詞營造出一幅高品質、高格調的誘人畫面，例如：

「品嚐啤酒花（製啤酒的調味料）的風味」

「取材自藍大綠水」。

然而到了今天，詩樣的廣告就如同文學中的詩一樣，早已沒有存在的條件了。在最近幾個巨大廣告活動中，做得最成功的當屬麥格黑啤酒（Michelob）。該廠牌的名字是印在如停車號誌般大小的看板上，效果非常好。

「第一流的麥格黑啤酒」，是這家美國國產、物美價廉的啤酒公司所欲給美國消費者的形象。不出數年，該廠牌啤酒的銷售量真的躍居全美第一，價格也是最便宜的。

麥格黑啤酒是美國第一家價格低廉的國產啤酒嗎？當然不是，但卻是第一個將此形象植入消費者心中的啤酒製造廠。

美樂的發現

留意一下的話可以發覺舒立茲（Schlitz）牌啤酒的廣告詞裡就含有定位的精神。「真正含獨特風味的淡啤酒」。在一般酒店裡喝酒的消費者真的會相信舒立茲要比百威（Budweiser）或派斯特（Pabst）等廠牌的啤酒要來得清淡嗎？那當然不，只不過它的廣告詞像義大利歌劇裡的台詞一樣，具有說服人的魅力。

不過，美樂製酒公司確實也曾經想過，若該公司真的推出淡啤酒時，市場的反應會是如何。

　　不管怎樣，美樂還是推出了號稱具有清淡口味的淡啤酒—— Lite Beer。由於推出後獲得壓倒性的成功，使得許多想分食市場大餅的廠商，如舒立茲，也加入了爭奪戰並推出了 Schiltz Light 的淡啤酒。這真是相當諷刺。或許這次舒立茲的廣告促銷詞應改為「真正含獨特風味的超級淡啤酒」。

　　對於很多人或產品來說，成功之道即在於先熟悉競爭者的手法，然後避免使用其廣告詞裡會防礙產品深植消費者內心的字詞，最後，再自創簡潔有力的廣告訊息，如此一來必能打動消費者的心。

　　舉例來說。有家進口啤酒廠商是用「啤酒清澈透底」來作為其定位的策略。對於老資格的啤酒廣告撰稿人來說，這種策略壓根兒就不能被當作是一種廣告。

　　「您已經嚐過在美國銷售量最大的德國啤酒，現在就請您嚐嚐在德國境內最暢銷的德國啤酒。」以上是貝克（Beck）啤酒公司為了和洛文伯（Lowenbrau）啤酒公司打對台，而擬出的非常有效的定位廣告詞。

　　這樣的廣告當然也使貝克啤酒在美國大為暢銷，每年的銷售量一直持續地增加。相形之下，洛文伯啤酒公司在經過一陣掙扎之後，終於退出美國市場，只以德國國內市場為主了。

　　最近幾年，美國廣告界一再發生奇怪的事。廣告詞的用字愈來愈少，效果卻愈來愈好。

第4章

心靈的階梯

消費者儘管有興趣吸收新的資訊，但如果這些資訊對消費者不適用，消費者也會悍然拒絕的。因為在消費者的心中有一個階梯，只接受能和他心靈相契合的新資訊。

　　為了要讓你對訊息所要面對的對象有較深入的了解，讓我們先對所有溝通的最終目標──人類的心靈，仔細審視一番。

　　就像電腦的記憶庫般，人類的心靈也是會有一個投幣孔或地方，以供被選中的資訊進入。在實際運作時，心靈的功用像極了電腦。

　　雖然如此，仍然有一個很大的不同點。電腦對於人類所插入的資訊一向是來者不拒；心靈則正恰恰相反，對於資訊並非來者不拒。這是兩者非常不同的地方。

　　儘管是新的資訊，若不合用，心靈仍會悍然拒絕。它只接受能和心靈現階段想法相契合的新資訊。至於其他的，則會被過濾掉。

看到想看的結果

　　任取兩幅抽象畫，一幅寫上史威茲（Schwartz），另一幅

寫上畢卡索（Picasso），然後問別人對這兩個名字的看法。得到的答案和你心中原先的期望應該是一致的。

但若是抽選出兩項較具對立的事物，例如請民主黨和共和黨各一位黨員閱讀一篇具爭議性的文章，再分別詢問他們該篇文章是否對其原有觀點產生改變。

你會發覺民主黨員會引用文章中有利自己的論述來支撐其原先的觀點；而共和黨員也會引用文章中有利自己的論述來支持其和民主黨完全相反的觀點。他們的心意幾乎沒有絲毫的改變。你看到了原先想看到的結果。

將一瓶蓋洛特紅酒（Gallo）倒入一瓶原來裝有勃根地（Burgundy）五十年歷史紅酒瓶內，然後在朋友面前小心翼翼地將酒斟給朋友品嚐。

「嚐到了原先所期望嚐到的」，在品酒的時候，假若不將品牌名稱告知品酒人，常會發生的情形是：很多品酒人都認為加州產的普通酒要比法國美酒好喝得多。但若事先知道酒的名稱，加州紅酒勝過法國紅酒的情形則是不可能發生的。

「嚐到了原先所期望嚐到的」，若結果不是如此，那廣告根本就沒有存在的必要了。假若一般消費大眾是理性而且毫不情緒化，那世上根本就不必有廣告了，至少不必有今天我們所認知的廣告這名詞。

所有廣告都有一個最主要的目標——提高期望，也就是藉著廣告讓消費者產生一個幻覺——該產品一定會具有消費者所期望的神奇妙用。

奇蹟般的急劇改變，正是廣告所一向鎖定的目標。

但若是產生了錯誤的幻覺，那產品的麻煩可就大了。

例如蓋林格低熱量啤酒（Gablinger's beer），因廣告不當，反而使消費者以為低熱量啤酒的味道一定很差。

廣告當然發揮了作用，卻是反效果的作用。喝過該啤酒的人也輕易地相信，這款啤酒的味道很差。消費者果真嚐到了他原先所期望嚐到的。

容量甚小的容器

人類的心靈習慣悍然拒絕和其原先經驗或認知不相契合的新資訊。在我們這個溝通過度的社會，人類的心靈只不過是一個容量甚小的容器。

根據哈佛大學心理學家米勒博士（Dr. George A. Miller）的研究，一般人的腦海無法同時容納七個單位以上的事物。這也是為什麼我們時常遇到和七有關的事物，因為比較容易記憶。例如電話號碼通常都是七個數字、世界七大奇觀、白雪公主和七個小矮人。

叫任何一個人說出所能記得的某一類產品的品牌名稱、很少人能記得七家以上感興趣品牌的產品名字。若是不感興趣的產品，一般消費者所能記得的廠牌名稱通常不會超過三家以上。

你能完整地將十誡的誡條全部列舉出來嗎？或許太困難了，那麼能否說出癌症的七大危險徵兆？要不然，《聖經》啟示錄裡的四個騎馬者是誰？

根據某家報社的問卷調查，每一百個美國人中，有八十位無法說出美國總統內閣裡任何一位閣員的名字。

假如我們心智的容量太小，因而無法處理類似上述的問題，那我們又如何將幾乎是以等比級數遽增的各項產品及各個廠牌名稱都記下來呢？

三十年前，六大主要香菸製造公司共生產了十七種不同品牌的香菸。到了今天，他們生產的品牌已達一百七十五種（若想將此一百七十五種全部裝入販賣機，那麼販賣機的長度必須達三十呎）。

多型式風波幾乎在各行業都會發生，大至汽車，小至啤酒和照相機鏡頭。有汽車都市之稱的底特律市最近展售了二百九十種不同型式、大小的汽車，Gravelle, Capri, Cimarron, Camaro, Calais, Cutlass 都只是其中一些車型的名稱，但就已經夠令人暈頭轉向了。至於雪佛蘭和普利茅斯（Plymouth）都推出名為 Caravelle 的車款，令消費者困惑的程度自是不在話下。

消費者為了不讓自己被弄混淆了，只好自力救濟地將一切東西予以簡化。很多家長在被問到其子女的就學情形時，通常是不會一一列舉其子女在閱讀能力、字彙了解的多寡，以及數學上的表現，只是說：「他現在唸國一。」

此種以等級來分辨人、物或品牌的方法不僅方便組織事物，也是一個有助日常生活不被複雜混淆化的好方法。

產品的階梯

人們為了應付產品的爆增，因而學會了在心中早就將各種產品和品牌分成各等級。或許我們可以說，人的心是由一系列的各種階梯所組成。每一階是一個品牌名稱，而每一個梯子只

擺放同一類的產品。有些梯子有很多階（七階其實就夠多了），有些梯子的階數則非常少。

　　任何一個競爭者若想分食市場大餅只有兩種方法：將市場內原有的廠牌擠掉（成功機會微乎其微），要不然就是盡量擠上市場內原有廠牌的位階。

　　但是有許多公司在開始行銷或廣告的時候，卻似乎都沒注意到競爭對手的存在。這些公司總以為其產品是處在一個真空狀態的市場裡，直到產品無法打動消費者才又失望懊惱。

　　假若在階梯上的廠牌已站穩腳步，又無法運用定位等策略的話，想讓產品爬上階梯是相當困難的。若想將一新產品引進消費者心中，最好的方法就是自己帶著一個新梯子。但這也是相當困難的，尤其是此一新產品沒有類似產品與之抗衡的時候。原因很簡單，消費者的心靈是沒有多餘空間來接受新奇的產品，除非該產品和原先在其心中的舊產品有所關聯。

　　這也是為什麼當要推出新產品時，通常最好不要告訴消費者該新產品「是什麼」，而要告訴消費者該新產品「不是什麼」。比方說，世上第一輛汽車原先稱做「無馬馬車」，其用意也就是在告訴消費者，「它」也是馬車的一種，但「它」不用馬來拉。換言之，在消費者心中，「它」不是新產品，只不過是另一種交通工具而已。

　　其他像「不在賽馬場中進行的賭馬」、「不含鉛汽油」，以及「不含糖汽水」等，皆是新觀念（產品）最好是和舊觀念（產品）有所關聯的極佳案例。

對抗的定位

在現代的市場裡，對手和自己的產品都一樣重要，不可等閒視之。甚至，有時候對手的產品更值得重視。在定位紀元裡獲得成功的一個有名案例當屬艾維斯租車公司的廣告活動。

艾維斯的這個廣告活動將可望成為行銷史上的定位典範。在艾維斯這個實例中，它是處於和領先者對抗的地位。「艾維斯在租車界充其量只不過居老二的地位，為什麼向我們租車？因為我們比別人更努力。」這是艾維斯的廣告詞。艾維斯連續十三年都賠錢，然後，就在它自承是市場的老二時，艾維斯卻開始有利潤了。

第一年的利潤是120萬美元，第二年260萬美元，第三年500萬美元。最後該公司整個賣給國際電話電報公司（ITT）。艾維斯之所以能夠賺取大量的利潤，主要就在於它接受了赫茲是老大，自己是老二這個事實，而且不向市場的龍頭老大做正面攻擊。

為了對艾維斯的策略何以如此成功作進一步的了解，我們先對消費者的心靈審視一番，再假想在其心靈中有一座名為租車的梯子。梯子上的每一階都寫著一個廠牌的名字。赫茲在最上階，艾維斯第二階，國民則位於第三階。

很多行銷人員都錯誤地解讀艾維斯的成功故事。他們都誤認該公司之所以能夠成功，完全是拜其努力拓展市場所賜。根本不是這麼回事。艾維斯之所以能夠成功，主要是因為它將自己和赫茲扯上關係。（假若努力就是成功的秘訣，那哈洛·史坦生〔Harold Stassen〕早就當過多次的總統了。）

廣告界對於艾維斯「我們比別人更努力」這種比較性的廣告最初也不為《時代》（Time）雜誌所接受，因為《時代》認為這分明是卯上赫茲，其他雜誌也同意《時代》的看法。廣告公司的AE在一頓驚愕後，也同意將廣告文案改為「我們真的極為努力」（如此一來，口氣比較和緩些）。就在該廣告被取消後，《時代》又改變心意，同意以原版廣告文案刊登廣告（而那位AE則被解僱）。

建立起對抗的地位是一種典型的定位手法。假若一個公司並不是龍頭老大，那它非得竄上老二的地位不可。這當然不是件容易的事。

雖不容易但並非不能。像租車界的艾維斯、速食業的漢堡王（Burger King），以及可樂界的百事可樂，皆扮演非常成功的老二地位。

「非可樂」的定位

另外一種典型的定位策略就是慢慢朝某一設定的位階攀爬。七喜（7-Up）就是一例。七喜之所以能想出此一絕妙好計，完全是審視了可口和百事（Pepsi）兩家廠商占據了消費心靈之後才想出的。在美國，冷飲銷售量單是可樂飲料就占了二分之二強。

為了要使七喜和雄霸冷飲業的可樂扯上關係，七喜於是以非可樂來定位，企圖提供消費者另一種冷飲的選擇。（在可樂的梯子上，可以想像的，應是可口可樂最上，百事居次，七喜第三。）

再舉一案例證明定位策略之廣用性。麥克米克傳播公司（McCormick Communications）收併了羅德島一家虧損電台WLKW，然後再以「WLKW——非搖滾電台」為廣告口號，使得該台成為該州第一大電台。

想為產品找出獨特的定位，一定要出奇招才能制勝。假若依照傳統方式，鐵定只能在產品本身上打轉。

這當然是不對的。一定要將目標放在消費者的心理上。

假若只在七喜本身打轉，絕對不會想出非可樂此一妙招。一定要找出可樂消費者的心裡在想什麼才行。

忘記怎麼成功？

最重要的是，成功的定位必須具有連貫性，也就是必須年復一年保持下去。但是一個公司在執行一次成功的出擊之後，通常都會陷入一個忘記怎麼成功的陷阱之中。

在艾維斯被國際電話電報公司合併之後不久，艾維斯突發奇想，不願再滿足於當老二，於是打出了這樣的廣告——艾維斯即將成為第一。這樣一來，把自己的願望都打上廣告。從心理或是策略層面來說，都是大錯特錯。

除非找出赫茲的弱點並大加利用，否則艾維斯是絕不可能登上龍頭老大的地位。更何況，以前的廣告早已在消費者心中建立起赫茲第一，艾維斯第二的形象，也建立起消費者同情弱者——艾維斯的形象。

這一支新的廣告文案簡直就是傳統式廣告誇大不實的翻版。誠實方為上策。在過去二十年中，艾維斯打過許多不同的

廣告：「行家的艾維斯」，「你無須自己跑到機場」。假若有人提到艾維斯，一般人心中會浮出何種印象？

當然是：「艾維斯充其量只不過是位居老二……。」然而在最後幾年，艾維斯卻忽略了自己在消費者心中建立起的老二形象。等到有一天當「國民」竄升到第二時，艾維斯才會真正覺悟──當老二的日子其實是很好的。

在今天，假若想成功的話，一定不要忘了競爭對手的存在。當然，也不能忘了自己的定位。千萬記住瓊‧狄提恩（Joan Didion）的不朽名言：「順勢而為。」（"Play it as it lays"）

第5章

不要走入死胡同

產品行銷有一定的脈絡可尋，但不要一頭栽進去，以為這件企畫案可行。結果，或許你後面的步驟都做對了，但由於根本沒搞清楚自己的產品，只好宣布失敗。

有一則家喻戶曉的故事，內容是描寫一位遊客向一名農夫詢問如何才能抵達鄰近的城鎮。農夫回答說：「沿著這條路走一英哩，遇叉路時向左轉。喔，不行，這樣是無法到達的。」

「你應該調頭走一英哩，遇到一個停車標誌時再右轉」，農夫接著又繼續說。「不行，這樣也是無法到達的。」在停頓了一會兒之後，農夫看著一臉茫然的遊客說：「告訴你吧，小伙子，你根本無法從這裡到達那裡的！」

剛才的故事正足以用來解釋當今許多人們、從政者，以及產品的命運，常常使自己陷入一個「根本無法從這裡到達那裡」的死胡同。艾維斯是無法成為銷售冠軍的，再大的期望也無法達成此一目標，為它大做廣告宣傳也只是徒然。

死抱著「可行」不放

從許多種角度來看，我們國家的越南經驗是一個典型美國

人所謂的「可行」精神——只要夠努力，鐵杵也能磨成繡花針。但是，儘管美國使盡全力投入了大量的官兵以及無數的金錢物資，美國這個局外人終究還是無法解決越南的內部問題。我們就是陷入一個無法從這裡到達那裡的死胡同。

當然很多事情並非像越南經驗一樣陷入死胡同，因為畢竟我們還是活在一個充滿著「可行」的環境裡。但是也千萬不要忘記，在我們周遭的環境裡，也有很多事情，不論我們如何地卯足勁來做，仍是無法有所進展。

舉個例子來說吧，有位人士在五十五歲時就已當上公司的副總裁，自此就無法再升到更高的職位。數年後，當公司的總裁以六十五歲退休時，董事會卻提名一位年齡四十八歲的人士來繼任。

這位五十五歲的副總裁並沒有在總裁退休時同時繼任總裁的職位。事實上，他必須得比退休總裁至少年輕十歲以上，才有可能被提拔為總裁。在產品銷售的戰場裡，我們也常常可以看到有些公司推出不合時機的產品。

今天，如果一家公司推出了優良產品，再加上廣大的銷售網以及綿密巨幅的廣告，但該產品的銷售量仍不盡理想，這很可能就是陷入了「無法從這裡到那裡」的死胡同，也就是不論花多少錢來促銷，仍是徒然無功。最佳實例應屬RCA公司在電腦產業的作為了。

寫在牆上的手稿

在一九六九年，我們曾以RCA為實例，在《企業行銷雜

誌》（*Industrial Marketing magazine*）上刊登一篇文章。在該篇名為「定位是當今『我也想要』的市場裡眾人所玩的一個遊戲」的文章裡，絕對沒有做出不實的批判，該篇文章是根據一個名為「定位遊戲」的遊戲規則做出的許多推測。（這也是首次有人用「定位」這個名詞來解釋對於已在市場占有一席地位的競爭對手，本身在腦海裡所浮出如何對抗的過程。）

特別是到最後，其中有一個推論相當地正確。就以電腦業來說，我們在文章中就指出，「任何公司若想一頭栽進電腦業並且企圖和在電腦業已有相當雄厚基礎的 IBM 一爭長短，到頭來鐵定是希望渺茫的。」

其中最關鍵的字詞無疑是「一頭栽進」。若企圖成功地向市場大老分得一杯羹（該文章裡列舉了一些可行之道），定位的規則就指出了一頭栽進是無法有所獲得的。

在一九六九年的那個年代，此一理念方法曾引來不少懷疑的眼光。我們算老幾？竟敢大膽地指出，像 RCA 如此的大財團無法如願地在電腦業裡有所斬獲。

在不顧我們的勸導提醒之下，RCA 在一九七〇年迅速地栽進了電腦業。此一事件當時還在某些商業媒體掀起了一陣旋風。

「RCA 朝電腦龍頭老大大舉進攻」，這是出現在一九七〇年九月十九日《商業週刊》（*Business Week*）的頭版新聞。

「RCA 目標直指 IBM」，這是出現在一九七〇年十月的《財星》（*Fortune*）雜誌的頭條新聞。

「RCA 電腦對 IBM 迎頭痛擊」，這是出現在一九七〇年十月二十六日的《廣告時代》雜誌上的頭版新聞。

為了要讓大眾了解RCA確實帶著旺盛的企圖心投入電腦業，該公司的董事長兼總裁沙諾夫（Robert W.Sarnoff）還大膽地預測，到了一九七〇年底，RCA將可望在電腦業裡「穩坐老二」的地位。沙諾夫接著又指出，其公司「在電腦業所投入的人力物力遠超過該公司在其他方面（包括彩色電視）的投資」，他還說該公司的目標是在七〇年初期可望有可觀的營收。

「可行」精神無疾而終

還不到一年的光景，危機已是重重。「2億5000萬美元的不當投資重擊RCA」！這是出現在一九七一年九月二十五日《商業週刊》雜誌上的頭版新聞。

沒錯！這筆投資金額的數量相當龐大。有人指出，假如將這筆錢用一百元紙鈔疊起來，將它放在洛克菲勒中心旁的人行道上，那這堆紙鈔的高度將會超出沙諾夫位於RCA大樓第五十三層樓的高度。

一九七〇年是電腦製造業不景氣的時代。在電腦業長達數年連續虧損的狀況下，奇異公司於一九七〇年五月不得不將其電腦部門的資產廉售給漢威（Honeywell）公司。

在兩家大型電腦製造廠商相繼垮台的情況下，令人不得不大聲說：「我早就提醒過你。」也因為如此，我們接著又在一九七一年十一月號的《企業行銷》（*Industrial Marketing*）雜誌上刊登了一篇名為「再談定位：為何GE和RCA不聽勸告？」的文章。

要和像IBM如此的大型企業在廣告和行銷上一爭長短是件

多麼困難的事，在上述兩篇有關定位的文章裡皆曾提出一些可行的建議。

如何與 IBM 一爭長短？

人人常將電腦業稱為白雪公主與七矮人。白雪公主老早就在行銷上建立起無可搖撼的地位。

IBM 在電腦主機的市占率是百分之七十，而七矮人當中最大的一個市占率卻遠低於百分之十。

你如何和早已穩占龍頭地位的 IBM 相抗衡？

首先，你必得先承認 IBM 是龍頭老大這個事實。然後不能再重蹈在電腦業想有所作為卻大敗的小型公司的覆轍——向 IBM 學習。

妄想一頭栽進並和 IBM 一爭長短的公司是沒啥指望的。到目前為止，證諸歷史尚無一例外。

在電腦業界掙扎的一些小公司或許已了解到這一點。但大企業似乎都自以為能善用定位來和 IBM 一較長短。誠如一位悶悶不樂的主管所言：「世界上就是沒有足夠的錢。」你就是無法從這裡到達那裡。

「以火攻火」是句老掉牙的話。但就如同已故的廣告大師迦賽基（Howard Gossage）常說的：「以火攻火實在是很荒謬，應該是以水攻火才對。」對於 IBM 的對手來說，較佳的策略應該是：先找出本身已具規模的領域，再設法將其在此一領域上的專長應用到電腦業上。舉例來說，RCA 應該設法定位在電腦業的哪一方面呢？

我們刊登於一九六九年的文章就曾建議：「RCA是通訊業界的巨人。假若該公司能利用其在通訊業方面的優勢，並將其運用在電腦上，就可望為自己定好位，占據一有利的地位。雖然該公司在其他方面可能會因而有所疏忽，卻可以因而為自己建立起一個灘頭陣地。」

再舉奇異公司為例。該公司長久以來一直大力借助電腦的使用，當今多人共用一部電腦已是企業裡常見的科技話題。假若奇異公司當初能夠將重心擺在分時電腦系統的研發上，那該公司很可能在電腦界擁有一席之地。（事實上，當初奇異公司唯一沒有廉售給漢威的，就是那套多人共用系統，而該套電腦系統至今仍然為該公司賺進利潤。）

另舉NCR為例。該公司生產的收銀機在市場占有相當大的優勢。

由於NCR能將重心擺在零售品項系統之建立，使得該公司在電腦業能有所進展，甚至可稱之為電腦收銀機。

然而，當情勢非常不利時，縱使盡力想取得有利之勢，到頭來也必然是徒勞無益。誠如查理‧布朗（Charlie Brown，「史努比」卡通中的人物）所言：「沒有任何難題是無法逃避的。」

事實上，徹底的失敗往往要比無甚進展的成功要來得好。

一個失敗者很容易會認為解決難題的答案就在於加倍努力。一個陷於必敗局勢的公司，縱使加倍努力，仍無法有所斬獲。

問題癥結並不在於內容，而在於何時該將加倍努力用來使產品獲得寶貴的領先地位（假若加倍努力會有所助益的話）。

掌握好時機，就沒有什麼事是不可能的。若無法掌握時

機，再多的努力也是徒然。（就如同愛斯基摩人常說的，只有帶頭的狗才能享受到景物改變的樂趣。）

奇異公司的史密斯和瓊斯

有個例子可以用來說明此一原理。兩位男士有意角逐奇異公司的一個高階職位，一位名叫史密斯，另一位則叫瓊斯。

史密斯是位典型的「可行」主管。因此，當公司要求他接掌電腦業務，毫無疑問地，他當然是欣然地接受此一任務。

但是，瓊斯是位務實的人。他深知奇異在這時加入電腦業為時已晚，根本無法占有一席之地。奇異縱使投入再可觀的資金，也未必能追得上IBM。

就在史密斯對電腦業一籌莫展時，瓊斯有機會盡一己之力了。他建議奇異公司馬上將電腦事業處理掉，後來果真將該公司的電腦部門廉售給漢偉公司。

最後的結果是，瓊斯當上了奇異公司的高階主管，而史密斯則轉行到國際紙業公司（International Paper）任職。

總歸一句話，電腦業此一構造組織同樣也出現在其他產業。我們常常發現，每一種產業都有超級的龍頭老大（電腦業是IBM，影印機界是全錄，汽車業是GM），也會有一堆在該產業打滾而始終浮浮沉沉的小公司。

在了解定位在電腦業所扮演的角色之後，接著就應將此一知識應用到其他狀況及產業上。

可運用在電腦業的，也可運用在汽車業及飲料業上。或者是，反之亦然。

第6章

龍頭老大的定位

在產業界建立領導地位的方法雖然很多，但是最重要的，卻是如何在消費者的心裡建立起崇高的地位？因為，只有在消費者心裡居於崇高地位的產品，才是業界真正的霸主。

艾維斯和七喜在市場龍頭老大的陰影下仍能開拓出自己的一片天空，但是大多數的公司卻不甘心做老二，只有不成功便成仁的決心。它們一心一意想成為像赫茲或可口可樂般的龍頭老大。

所以，要如何才能成為龍頭老大呢？其實這也不太難。還記得林白和阿姆斯壯嗎？只要成為先驅者，成為龍頭老大亦非難事。

建立領導地位

歷史證明，一般來說，第一個進入腦海裡的廠牌其市占率和占有時間是第二個的兩倍，是第三個的四倍，而且此種關係一般來說很難改變。

某一產品市場的龍頭老大其銷售量要比老二勝過很多。赫茲勝過艾維斯；通用勝過福特（Ford）；固特異（Goodyear）

勝過汎世通（Firestone）；麥當勞勝過漢堡王；奇異勝過西屋（Westinghouse）。

很多行銷專家都忽略了搶第一可以帶來許多優勢。他們時常將柯達、IBM和可口可樂等龍頭老大的成功歸因於行銷眼光敏銳。

龍頭老大的失敗

然而，當某一產品的龍頭老大進入另一個產業時，其在此產業的新產品（由於已無搶先的優勢，因而常常會招致失敗的下場）會使情勢逆轉過來。

和「胡椒博士」（Dr. Pepper）相比，可口可樂公司的規模大得太多了。然而，當可口公司也加入市場引進一項極具競爭力的產品「比博先生」（Mr. Pibb）時，雖然位於亞特蘭大的可口財團傾其全力為比博先生促銷，但該產品仍拼不過胡椒博士，充其量只不過在市場上取得老二的地位。

IBM不僅規模比全錄大，在科技、人力及財力等方面的資源亦非全錄所能比擬。但是，當IBM也生產了一批與全錄影印機相比，也毫不遜色的新型影印機時，結果如何呢？其對市場的生態並沒有造成重大的改變。全錄在影印機市場的占有量依舊是IBM影印機的好幾倍。

假設公司規模也比拍立得大的柯達公司有意進軍立可拍的照相機市場，情形又會如何呢？大概也好不到哪裡。柯達的立可拍相機頂多只能在市場占有極小的地位，但這卻是在照相機市場投下大批財力才有的苦果。

幾乎所有的優勢都為龍頭老大所掌握。在缺乏足夠使消費者改變心意的情況下，消費者還是會傾向於購買和其上次購買時相同品牌的產品。至於店家一般也傾向於展售龍頭老大的產品。

規模較大且獲利較多的公司，通常擁有優先挑選優秀大學畢業生的優勢，也較容易吸引素質佳的員工。

所以從各方面來說，位居龍頭老大的品牌可說是占盡了各種優勢。例如在飛機上，航空公司通常都只會準備一種品牌的可樂、一種品牌的薑汁汽水、一種品牌的啤酒……等。

下次搭飛機時，注意看看供應的三種品牌是否依序為可口、加拿大飲品（Canada Dry），以及百威（Budweiser），這三個品牌也正好依序執可樂界、薑汁汽水界及啤酒界之牛耳。

雙雄並駕齊驅的情況

在某些業界，時常會有龍頭老大和老二雙雄並駕齊驅的情況出現。這些通常是屬於先天上市場就比較無法穩固的業界。早晚可望看到某一品牌比另一品牌較占優勢，而且最後領先的比率竟高達五比三或是二比一。

消費者就像小雞一樣，在遵循長幼有序的制度時會覺得較心安。

赫茲和艾維斯。

哈佛和耶魯。

麥當勞和漢堡王。

當兩個品牌的實力相當時，其中一家可能會脫穎而出地占

上風，並在未來數年內主導整個市場。

例如，一九二五至一九三○年間，福特和雪佛蘭面對面地打了一場市場爭奪戰，結果由雪佛蘭在一九三一年取得領先的地位。

自從新產品年度開始，包括因不景氣和世界大戰所引起的斷層，福特僅有四次從雪佛蘭手中奪得領先地位。

當情勢混沌的時候，也是最需要額外加把勁的時候。如果沒有擁有絕對優勢的品牌出現時，你只要能在一年內取得銷售領先地位，就可確保未來十年的領先。

噴射機在跑道起飛時，需要極大的動力才能飛離地面，但是當飛機已離地面三萬英呎時，飛行員只需七成的動力即可讓飛行速度保持在每小時六百英哩。

維持領先地位的策略

重達八百英磅的大猩猩都睡在哪裡？任何牠想睡的地方。市場裡的龍頭老大也可做任何想做的事。

就短期觀點來看，龍頭老大皆已練就金剛不壞之身，單是其本身的勁勢就可讓產品銷售量保持領先（套句摔角界的老話：將對手扳倒躺下的勝利者是不可能被扳倒的）。

對於通用等世上各行業的龍頭老大來說，它們絕對不會為今年或明年而擔心，只會擔心長期的銷售情況，例如五年後情勢會變得如何？十年後又會是如何？

這些各業界的龍頭老大應該利用其產品短期的適應性來確保未來長期的穩定性。事實上，**能在行銷上獨領風騷的產品，**

通常都知道要將其品牌緊緊地釘牢在消費者心中的階梯上。一旦釘牢在某一位階時，這些龍頭老大就應有所為以及有所不為。

有所不為

一旦公司擁有老大的地位，就沒有必要在廣告上一再重複顯而易知的事實，例如「我們的產品銷售量最大」，就是一個典型的例子。

最好是能夠致力於提升該種產品（而非該品牌產品）在消費者心中的形象。IBM 的廣告裡通常都忽略了要如何與其他廠牌競爭，只專注在讓消費者知道電腦的價值和好處。當然，它指的是所有電腦的好處，而非僅指該公司的電腦產品。

為何在廣告上說「我們是銷售冠軍」是個糟透了的主意呢？原因是牽涉到心裡層面：(1)消費者早就知道你是龍頭老大，因而會懷疑你是否不太確定自己是龍頭老大，才需要用廣告來增強自己的信心。(2)消費者不知道你是龍頭老大。假若真的不知道，那原因何在呢？

或許你對自己的領先地位有一套自己的看法，並不在意消費者的看法。若真如此，很不幸地，這一套是行不通的。

你千萬不能用自己那一套對領導地位的看法來建立領導地位，必須以消費者對領導地位的看法來建立起領導地位。

有所為，有所不為

「只有可口可樂，才是真正的可樂」。這是可口可樂典型

的廣告手法，而此一策略對任何產業的龍頭老大都很實用。

　　搶先植入消費者的心中是確保龍頭老大地位的基本要素。此一要素的主要作用就在於強化原始概念。可口可樂是眾所矚目的標準，相形之下，其他廠牌只不過是「真正的好東西」的仿製品而已。

　　這和「我們是銷售冠軍」是截然不同的。該產品之所以能成為銷售冠軍有可能是因為價廉，也有可能是因為銷售據點多。但**「只有可口可樂，才是真正的可樂」就好像初戀般，將永遠在消費者心中占有特殊地位。**「我們發明了該項產品」，這對全錄影印機和拍立得照相機等各產業的先驅者來說，是一個非常強而有力的廣告詞。

接納新產品及新發展創意

　　很遺憾地，龍頭老大時常會過於熱切地沉浸在自己的廣告中，最後還自認絕對錯不了。也因此，當對手引入了新產品時，常會對其嗤之以鼻。

　　龍頭老大實在不應該這麼做，應該要更能接受新發展的挑戰。也就是說，身為龍頭老大，一旦發覺新產品、新發展有潛力時，要能將自尊心擱置一旁，馬上採納此一新產品或新發展。

　　當迴轉式內燃引擎（Wankel engine）對汽車市場造成震撼時，通用公司立即斥資5000萬美元來採用此一新引擎，大筆資金即將付諸東流？那可不一定。

　　通用公司這5000萬美元可能是用來買下此一引擎的專利

權，以便確保其每年840億美元的汽車營運生意不受影響。要是迴轉內燃引擎日後真的成為汽車引擎的主流，而福特或克萊斯勒（Chrysler）又率先買下專利權，那通用的命運可真是未卜了。

再舉製造辦公室複寫機的兩大巨頭柯達和3M為例。它們曾經有機會買下卡爾森研發的影印機，但卻沒有這麼做。「當人們花1毛錢就可以買到用複寫機複印的資料時，是不會傻到要花5毛錢去買影印而成的資料。」按常理來講這並沒錯。但是採納所有的新產品和新發展，其目的就是要以防萬一，確保自己的產品不會遭到打擊。

這所謂的萬一果真發生了。海洛依（Haloid）有機會買下了卡爾森的影印機專利權。該公司（先是海洛依全錄公司，最後是全錄公司）最後已發展成擁有90億美元資產的大公司，規模已超越3M，並緊跟在柯達後面。《財星》雜誌曾說過：「全錄公司的影印機是美國生產獲利最高的單一產品。」

當全錄再重施故技時是否一樣成功？幾乎不可能。影印機專利權的收購使全錄大為成功，但自此以後，全錄卻遭遇一連串打擊，尤其是進軍電腦業時。

產品的魅力

全錄董事長曾在該公司的多角化經營會議上說過：「只有當我們能再多創影印機銷售的成功紀錄，消費者才會認為我們是個強而有力的組織，也才會一再信賴我們。」

這是市場龍頭老大最常犯的錯誤：總是誤認產品的魅力是

來自於生產該產品的公司。事實恰好相反。公司的魅力是來自於產品的魅力，而產品的魅力則是根植於其在消費者心中所占的地位。可口可樂魅力十足，而可口可樂公司所要做的也只不過是將那種魅力展現出來。

除了可樂界，該公司也想在其他產業獨領風騷則是相當困難的——不論是搶先植入消費者腦海，或是將自己的形象塑造成為強而有力的替代品，或是對龍頭老大反定位。

因此，儘管可口可樂公司在可樂界魅力十足，但當它推出比博先生這個新產品時，仍敵不過龍頭老大胡椒博士，而頂多只能占到老二的地位。

全錄的情形也是如此。全錄公司的魅力是來自全錄影印機在消費者腦海裡所留下的深刻印象，全錄幾乎就等於影印機的代名詞。全錄之所以能成為市場龍頭老大，主要是因為它是影印機市場的先驅者，而且行銷策略也做得非常成功。

但在電腦和文字處理機等方面，全錄是個十足的菜鳥。全錄的企圖心不難了解——它想讓其在影印機方面的空前勝利也能在其他產業裡重現。可是卻忘了它的絕對優勢完全是因為它是市場的先驅者。

採行多種品牌

為了對抗其他競爭對手的某些手段，龍頭老大有時需要採用其他的品牌名稱。這類多品牌的策略以寶鹼公司做得最為成功。將其稱為多種品牌策略似乎是有點誤稱，其實它是一個「單一定位」的策略。

每一品牌在消費者心中皆已占有一定的定位。不論是時間的改變或是新產品的推出，都無法改變此一定位。因此新產品的推出，應該是在反映市場裡口味及技術的改變。

也就是說，寶鹼早就體認到移動定位明確的產品是相當困難的事。當定位已穩固時，又何苦將它改變呢？倒不如推出新產品要來得有效且省錢，即使最後必須不惜撤掉原來已定位的產品品牌。

象牙牌（Ivory）一向以肥皂著稱。當清潔劑此一新產品研發成功後，象牙肥皂很可能面臨被迫改成象牙清潔劑的壓力。但如此一來，豈不意味著象牙牌在消費者心中的地位需做一番調整？

幸好汰漬（Tide）及時推出，使得生產象牙肥皂的寶鹼得以用新品牌來推廣其新產品——清潔劑。汰漬清潔劑的推出最後是為該公司賺進大把鈔票。

同樣地，當寶鹼要推出洗碗精時，品牌名稱並不是叫汰漬洗碗精，而是用另一新品牌——小瀑布（Cascade）洗碗精。

寶鹼公司所生產的每一種產品都有各自的品牌，例如海倫仙度絲及幫寶適（Pampers）等，都是站穩了市場龍頭老大的地位。其實，多種品牌策略真的是一種「單一定位」的策略，是一種由一家公司以不同品牌名稱來推出各式不同的產品。象牙一直稱霸肥皂業，迄今已近百年。

採納較廣的品牌名稱

是什麼原因會讓龍頭老大喪失王座呢？當然是「改變」。

在二〇年代，紐約中央鐵路公司（New York Central Railroad）不僅雄霸鐵路業，還是股票市場中最耀眼的績優股。在經過數次合併之後，該公司現已改名為賓州中央鐵路公司（Penn Central），無力的經營方式實在很難令人想像它曾經有過輝煌的歷史。但是美國航空公司（American Airlines）卻鴻圖大展。

其實，紐約中央鐵路公司早期就應設立航空部門。「什麼？你是說要我們犧牲鐵路業來支援航空業？打死我們也不做。」此種簡單卻能有效穩住龍頭老大地位的方式，通常最難為公司內部的人員所接受。經理人通常都不認為新產品是一個機會，反而認為是對企業的一種挑戰。

有時候，更改品牌名稱有助於填補從一個紀元邁入另一個紀元間的斷層。若是將品牌名稱擴大，公司成員也較易在心理上做調適。

「銷售管理」已易名為「銷售及市場行銷管理」，其目的在於將成長迅速的市場行銷功能納入範圍，未來很可能會再度易名，將銷售兩字去掉，而成為市場行銷管理。

最簡單的例子是，全錄公司最先是由「海洛依公司」，易名為「海洛依全錄公司」，最後再度易名為「全錄公司」。

柯達公司也是如此。從早期的「伊士曼」（Eastman），「伊士曼柯達」（Eastman Kodak），最後才又易名為「柯達」。

雖然該公司正式名稱仍是伊士曼柯達，然而一般人都以柯達公司稱之。

幾年前，「直接郵購公司」（Direct Mail Association）將其名稱改成「直接郵購行銷公司」（Direct Mail-Marketing Association），這是因為該公司已意識到郵購只不過是直接行銷的諸

多方法之一而已。最近該公司又易名了，改成「直接行銷公司」（Direct Marketing Association）。

許多證據都顯示，人們通常都以公司名稱的字面意義來了解該公司的營業性質。若公司取名不夠謹慎，就會令消費者誤解。例如紐約中央運輸公司（New York Central Transportation Company），以及東方航空公司（Eastern Airlines）等。藉由擴大名稱，政府部門才能擴大運作範圍、增加人員，以及擴編預算。

令人納悶的是，政府部門聯邦交易委員會（Federal Trade Commission）卻一直不設法易名。若改成意義較廣泛的消費者保護基金會（Consumer Protection Agency），豈不是能從最近的熱門話題消費者保護中得利呢？

市場的龍頭老大也能從擴大其產品的適用性來獲利。Arm & Hammer 公司在這方面做得很成功，它促成了擴大其產品碳酸氫鈉的用途——也能適用於冰箱。

佛羅里達柑橘委員會對於橘子汁大力促銷，內容大抵是：橘子汁是最暢銷的果汁飲料，適合三餐及閒暇時飲用……等等。在促銷的廣告裡也寫著：「柑橘汁不再只限於早餐時飲用。」

規模龐大的商業性雜誌《商業週刊》，也成功地擴大了自己刊物內容的範圍，使讀者相信它也是一本提供消費資訊的好雜誌。在今天，該刊物內的廣告，有百分之四十是有關於消費產品的。

取得龍頭老大地位時並不意味著定位的結束，而是定位的開始。位居領先時，正可利用有利位置來運用各種良機。龍頭

老大應該時常運用其處於領先地位的有利位置在激烈的競爭中大幅領先各競爭對手。

第7章
尾隨者的定位

別人成功是別人的歷史，不是自己的未來，自然不可只顧著模仿，只會讓你走進死胡同，一輩子也走不出來。一定要從正面思考，有自己的想像空間，這樣才有希望。

　　對於龍頭老大適用的，對尾隨者不一定有相同的用處。龍頭老大大可不必汲汲於力爭上游，只要守成地保有領先的地位即可。

　　但尾隨者的處境則是截然不同。當一個尾隨者仿效龍頭老大的策略時，必定是不「採」，只一味地「納」。說得好聽一點，這是一種「我也要」的反應（若是使用更委婉的說法，就是保持不落伍）。

產品為何失敗

　　很多產品未能達到理想的銷售目標，是因為廠商以為產品較佳即能扭轉情勢，其實若能達成理想的銷售目標，沒有運氣還真是無望呢！

　　產品比競爭對手佳是不夠的，一定要在別的品牌取得領先地位時就進軍該產品市場。不僅廣告和促銷活動要做得好，也

要取對產品的名稱。

然而，最不想見到的事通常都會出現。「我也要」的公司花費太多時間在產品的改進上，促銷的經費又比龍頭老大差一大截，再加上以公司名稱直接作為產品的品牌名稱，以為這樣會很快在市場裡搶占一席之地，這些都是過度溝通社會裡的陷阱。要如何才能在消費者的心中占有一席之地呢？

尋找市場空缺

法國行銷界有一句話簡單地說明了此策略的精神：尋找市場空缺。是的，尋找市場空缺，然後將其填滿，這句話和美國傳統精神——「大就是好」的哲學正好相反。

另外，美國人的一種典型態度，也使得定位的想法很難獲得認同。自孩提時代開始，我們即被教導養成固定的思維。「正面思考的威力」若以此種態度為內容寫成一本書或許可以暢銷，但此種人生態度卻會破壞一個人尋找缺口的能力。

若想發現市場空缺，就一定要有反面思考的能力，也就是要違背常理。假如大家都往東走，那你就應設法想想看能否往西行，這就是當初哥倫布的策略。現在，就讓我們來探討找出市場空缺的策略。

缺口的大小

底特律市的汽車製造廠近幾年來，對較長且較低的車型感興趣，每年製造出來的汽車都變得愈來愈流線型、愈來愈好看。

想進軍市場的金龜車，外型卻是又短、又肥且又醜，促銷金龜車可能也會依傳統方式──掩飾短處，宣傳長處。

「找位沙龍攝影師，請他將車子拍得比實際好看些，再大肆宣傳，讓消費者產生好感」！這或許就是一般人的策略吧。

關鍵在於市場空缺的大小。生產金龜車的福斯公司（Volkswagen）打出了一個最有效的廣告，清楚表明了其產品的定位。「想一想小的好處」。

這幾個簡單的廣告標題有兩大作用：它不僅明白指出該產品在市場上的定位，也挑戰了一般消費者大就是好的心態。

當然，此一方法能否奏效，端賴消費者的心裡是否還需求有空間。並非那時的市場裡除了金龜車外就沒有其他的小型車，關鍵在於，那時還沒有任何一家汽車製造廠已取得小型車市場的龍頭地位。

積體電路及其他電子科技的相繼問市，使得體積小的產品也能在各產業中爭得一席之地，肯投下資金發展電子產品的公司將可望在產品小型化方面取得定位。

超小型可在市場奏效，超大型也有自己的一片天地。例如投影電視及其他大型的產品也有機會占有一席之地。

高價位產品的市場空缺

最典型的例子是麥格黑啤酒。安豪博施（Anheuser-Busch）公司的人員發現美國低價啤酒市場尚未被人開發，於是就推出名為麥格黑啤酒的低價位啤酒。

在許多產品市場裡似乎都為高價位產品開設了一些缺口供

其進入，而在這個充滿用後即丟的社會裡，可以想見，大眾會興起一股對持久性強的產品之喜好。

這也是為何高價位的汽車，如價值4萬元的BMW635CS，以及價值5萬美元的BENO-500-SEL能深受消費者青睞的原因之一。

都彭打火機（S. T. Dupont，好名字）有價格高達1500美元的產品，購買的也是大有人在。價格是一種優勢，尤其是對第一個在高價位缺口裡搶先定位的產品來說，更是如此。有些品牌給消費者的感覺是：它們生產的產品都是高價位。

「喬依（Joy）香水是世上最貴的香水」。

「為何要花錢買『伯爵』（Piaget）？因為它是世上最昂貴的手表。」

高價位策略不僅對汽車、香水、手表等奢華品可以奏效，對於通俗的產品如優格（Yogurt）及爆米花也是有效的。

美孚一號（Mobil 1）合成機油一夸脫高達3.95美元，也是一高價位產品的例子。甚至一般低廉的產品如麵粉、糖及鹽等，也都可以採用高價位的策略。

然而，我們時常會看到的是：「貪婪」和「定位」常被誤用及混淆。提高產品價格並不是為了要致富。一個高價品牌的成功祕訣有三：(1)搶先為自己建立高價的定位。(2)產品確實是高品質。(3)消費者能夠接受該價位。否則，高價位只會把消費者嚇跑而已。

除此之外，高價位的形象應讓消費者從廣告獲知，而不應從商店裡的價目表得知。價格（不論是高或低）也是產品的諸多特色之一。

假如定位做得正確，消費者在商店裡看到價目表時就不會感到驚訝。廣告裡也不一定非得將正確的價格告知消費者，能讓消費者從廣告裡得知也是不錯的主意。**廣告最主要的目的，就是在消費者心中建立起「這是高價位產品」的形象。**

低價位產品的市場空缺

高價位產品可獲利，低價位產品同樣也有利可圖。

在評估價格是否可能成為一個有利的缺口時，要謹記在心的是，對於像傳真機和攝影機等新產品來說，採取低價位政策似乎較有利可圖。購買該種產品的消費者大多會認為，是在碰運氣（假若產品的效果沒有預期的好也無所謂，因為花的錢不多）。

至於採高價位策略較易成功的產品，則包括了汽車、手表及電視機等。尤其是消費者最厭煩必須時常修理的產品，採用高價位高品質的策略大多能成功。

最近在超級市場推出的無印良品，企圖採用低價策略至為明顯。（雖然各經銷商一再強調，過去幾年來各產品的削價，使得低價位產品的前景不甚看好。）

當你將三種價格的策略全都結合在一起（高價、適價、低價），通常就會找出一個強而有效的行銷策略。就像安豪博施公司推出的麥格黑、百威、博施三種價位的啤酒一樣。

最不暢銷的品牌是博施（Busch），因為名字不僅取得不好，也缺少一個強而有力的定位概念。該公司為何將公司名稱也用在低價品牌的啤酒產品上呢？

倒不如用老密瓦基（Old Milwaukee）為名，不僅名稱較好，也很適合用來稱呼低價啤酒，如此一來，也能在低價啤酒市場上大發利市。

其他有效的市場空缺

性別是有效的市場空缺之一。萬寶路（Marlboro）是全美第一個以男性陽剛氣息為定位的香菸品牌，這也是菲利浦‧莫瑞斯公司（Phillip Morris）生產的萬寶路香菸之所以在銷售量上節節上升的原因之一。在十年內，它從銷售第五竄升到銷售冠軍。

時機也很重要。在一九七三年，羅瑞拉德公司（Lorillard）新推出一種名為「路克」（Luke）、以男性陽剛為訴求的香菸。品牌名稱取得不錯，包裝也很精良，廣告更是絕妙：「從堪薩斯州到奧克拉荷馬州，吸著『路克』逍遙自在地一路走下來。」

唯一不對勁的是時機，晚了大約二十年。「路克」出道太晚──因而被羅瑞拉德公司放棄了。想替產品定位，一定要先認清，搶先定位成功的產品不可能會被後來的產品所取代。

萬寶路以男性吸菸者為訴求對象，而維珍妮涼菸（Virginia Slim）則以女性吸菸者為訴求，兩者的手法正好相反，但都各自擁有一片天。想分食市場大餅的另一品牌夏娃（Eve），也以女性為訴求對象，卻一敗塗地，原因無它，起步太晚。

當你使用性別來區隔產品的消費者，並企圖讓該產品在市場上占有一席之地時，使用明顯的手法並不一定就能達到最佳

的效果。

　　就以香水為例好了。大多數人認為品牌名稱應該愈女性化且愈細膩，成功的機會就愈大。其實不然。全世界最暢銷的香水品牌是什麼？

　　既不是愛佩姬（Arpege），也不是香奈兒第五號（Chanel No.5），而是露華濃公司的查理（Revlon's Charlie）。這是第一個以男性化名字為品牌的香水，該公司還為這個品牌大做廣告呢！

　　失敗的品牌名稱如叫我瑪茜（Just Call Me Maxi），不僅在市場上毫無成績可言，據說還使該公司——密絲佛佗（Max Factor）的總裁因而丟官呢！

　　查理成功的故事正說明了，像香水等產品，也可以用反其道而行等方式來出奇制勝，在市場打下一片天地。該產品是以女性消費者為訴求對象，但品牌名稱卻十足的男性化。

　　另外一個可供使用的定位策略是年齡。潔利陀（Geritol）就是一個以銀髮族為訴求對象，進而在市場裡獲致成功的實例。艾姆（Aim）牙膏則是將其對象鎖定在兒童，輕易地就在牙膏市場裡拿下了百分之十的銷售量，在此之前，牙膏市場一直都被高露潔（Colgate）和克利斯特（Crest）兩大廠牌所掌控。

　　使用產品的時間也很可能有助於定位，例如尼奎爾（Ny-quil）就是第一個只在晚上服用的感冒藥。產品的配銷方式也可能有助定位，腳（L'eggs）是第一個在超級市場及大賣場上銷售襪子的品牌，現在該品牌已在襪子市場獨領風騷，賣出了幾億雙。

另外一個有利定位的策略是「使顧客上癮」。謝佛（Schaefer）啤酒當初打的廣告就是「讓你喝了還想再喝的啤酒」，結果該品牌的啤酒果真成為啤酒愛好者的最愛。

工廠的缺口

在尋找缺口時最易犯的錯誤是，企圖填滿工廠的缺口而不去填滿消費者心中的缺口。

福特公司的Edsel車系就是一個典型的實例。可憐的Edsel上市後即草草下場，同業隨之而來的嘲笑卻無法使福特的人員學到絲毫的教訓。

基本上，福特人員是想改變一下作為。Edsel是福特內部想用來填補Mercury及Lincoln兩大車系生產之餘的缺口。

這對公司內部來說，是一個好策略，因為可讓工廠裡的生產設備充分利用，然而對公司外部（產品市場）來說，則是個壞的策略，因為當時市場裡到處充斥著類似Edsel的中價位汽車。

假若當時該車系的車是打著高性能、兩門式、單人圓背小摺椅的形象，再賦予適切的車系名稱，業界人士可能就笑不出來了，而且也可能為自己掙得一席之地，成為另一新產品的搶先者。

另外一個也犯了填滿工廠缺口錯誤的實例是《國家觀察者》（*National Observer*）——全美第一份週報。該週報董事道瓊（Dow Jones）先生同時也是《華爾街日報》（*The Wall Street Journal*）的董事，不過該日報每星期只發行五天，一定會有人

這麼說：「每星期不出報那兩天所空出來的缺口，就由發行週報來填滿吧。如此一來，可以讓工廠裡昂貴的印報設備達到充分利用的效果。」

然而，消費者心中的缺口在哪裡？他大可訂閱如《時代週刊》（*Time*）、《新聞週刊》（*Newsweek*）及《美國新聞世界報導》（*U. S. News & World Report*）等其他諸多的週刊性雜誌。

或許，有人會說《國家觀察者》的性質是週報而非週刊。但這到底是在玩什麼文字遊戲呢？消費者並沒有辦法分辨出兩者的差異。

科技的陷阱

縱使實驗室已研發出一種新的科技產品，若消費者心中沒有洞孔可填，還是會遭到失敗的下場。

一九七一年時，布朗‧福門（Brown-Forman）釀酒公司推出舉世第一種Frost 8/80的「白色辛辣威士忌」。

這種白色辛辣威士忌應能在市場上大放異彩。市場裡有個缺口：尚未出現過白色且辛辣的威士忌。誠如該公司總裁路卡司（William F. Lucas）所言：「本公司人員給予該威士忌極高的評價，我們的競爭對手更是瞠目結舌。」

但不到兩年，白色辛辣威士忌就黯然下場，數百萬美元的投資徹底失敗了。總計只賣出了十萬箱，比公司的預期足足少了三分之二。到底是哪裡出錯了？先剖析一下消費者的觀點。世界第一種白色的威士忌？騙誰呀！至少有四種酒都是白色的——琴酒（gin）、伏特加（vodka）、蘭姆酒（rum），以及龍

舌蘭（Tequila）。

　　其實，白色辛辣威士忌的廣告也在告訴消費者，該種酒可以當作是其他酒類的替代品。該廣告也指出，白色辛辣威士忌可以替代伏特加或琴酒，加入馬丁尼（martinis）裡，也可以取代蘇格蘭威士忌（scotch）或波本（bourbon），加入曼哈頓酒（manhattans）或威士忌酸甜酒（whisky sours）中。

　　別想對消費者耍花樣，廣告不是爭辯而是一種誘惑，消費者不會靜靜地坐下來聽廣告裡的辯論。誠如一位政界人士所言：**「假若一個東西看起來像鴨子，走起路來也像鴨子，那我就會認為『牠』就是鴨子。」**

「將產品賣給所有的人」的陷阱

　　有些行銷人員排斥「尋找缺口」這個概念。他們不想被局限在某一固定的位置上，因為他們認為這不僅限制了市場的潛在領域，也限制了他們的機會。

　　他們想將所有的東西賣給所有的人。數年前，那時候品牌不多，也不太注重廣告，想讓所有的人對某一品牌感興趣，進而購買，這還有可能。

　　過去，政治人物都知道，在政治上若對某一議題持太強硬的立場，常會為自己帶來扼腕的後果。從政者最忌諱的就是傷了自己和他人的感情。

　　但在今天，不論是在產品競技場或是政治競技場，一定得要有堅定的立場。競爭對手實在是太多了，不可能不製造敵人，當個好好先生，就能贏取勝利。

為了在今天這個競爭激烈的環境中求勝，並占據市場，必須和一些人做朋友打交道，當然，這樣一來很可能會喪失或得罪一些朋友。

　　今天，假若你已是市場上的龍頭老大，那將所有產品賣給所有人的陷阱，或許還不會將你從屹立不搖的位置上拉下來。但假若你只不過是市場上十足的菜鳥，又想要占有一席之地，那將所有產品賣給所有人的陷阱，鐵定會拖垮你。

第8章

競爭再定位策略

時代已經改變了，競爭的意義不再只滿足於自吹自擂自家產品
是如何的好，以及如何勝過對手？一味誇獎自己的優點、攻訐
別人的缺點，這是沒有創意的。

    無法找到市場空缺的時代已來臨了。當今市場各種產品的
品牌繁多，能夠找尋到開放缺口的機會真是渺茫。

    例如，隨便一家超級市場裡所展售的產品至少都有一萬兩
千種。也就是說，每一個年輕人在其腦中要能將一萬兩千種分
門別類。

    一般大學畢業生日常會話使用的字彙也不過八千字，比超
市裡展售的產品品牌數還要少。

自己開創市場空缺

    每一種產品的品牌數都呈現出過多的現象，廠商要如何使
用廣告，才能占據消費者的心靈呢？行銷的最基本策略就是必
須將競爭再定位。

    由於可供填滿的缺口已很少，產品只好藉由和眾多競爭對
手間的再定位來為自己開創市場空缺。

換句話說，想讓自己的新觀念或新產品能在消費者心中占有一席之地，首先就必須擠下原來在市場上的一個舊產品。

哥倫布曾說過：「地球是圓的。」可是當時的大眾卻不贊同：「不，地球是平的。」為了要讓大眾相信地球是圓的，十五世紀的科學家首先要向大眾證明地球不是平的。這些科學家舉出的有力事實是：水手在海面遇見迎面行駛而來的船隻，最先看到的是船桅的最頂端，再來是船帆，最後才是船身。假如地球是平的，就應該一眼就看見整艘船才對。

世界上所有極富爭議性的議題，若要讓大眾信服，最有效的方法就是讓他們親自去觀察，以便得到證實。舊觀念一旦被推翻後，推銷新觀念通常非常簡單。事實上，人們會很主動地找尋一個新觀念，以便於填補舊觀念被推翻後所空下來的洞孔。

千萬不要害怕衝突。再定位的要旨就在於削減現存的觀念、產品或人物的影響力。衝突，甚至私人間的衝突，常能在一夜間建立起聲譽。假如沒有尼克森（Richard Nixon），山姆‧尤恩（Sam Ervin）現在還不曉得在哪裡呢？同樣地，假若沒有艾吉‧希斯（Alger Hiss）的話，也不曉得尼克森能否一路竄上來呢！

羅夫‧那達（Ralph Nader，美國消費者運動的先驅人物）之所以能成名，並不在於對自己大加宣傳、廣告，而是單槍匹馬地攻擊全世界最大的企業（通用汽車），因為人們喜歡看泡泡冒上來。

阿斯匹靈再定位

泰諾勇敢向阿斯匹靈挑戰，也因而冒出名聲。泰諾的廣告如是說：「有百萬人是不應服用阿斯匹靈的。假如你很容易反胃……或患有潰瘍……或是正為氣喘、過敏或缺鐵性貧血等病症所困擾，在服用阿斯匹靈前，最好先去看醫師。」

「阿斯匹靈會刺激胃」，該廣告繼續寫著：「誘發氣喘及過敏，並導致少量的隱藏性腸胃出血。」

「幸好，有泰諾……」

在經過那麼多字詞的陳述之後，才將廣告的產品名稱講出來。於是，泰諾乙醯氨基酚的銷售正式展開。泰諾今天已成為最暢銷的鎮痛劑。超越了安那辛（Anacin）、拜耳（Bayer）、百服寧（Bufferin），以及愛斯錠（Excedrin），全是靠簡單卻奏效的再定位策略。

將阿斯匹靈這樣大的藥品打敗，真是不賴！

萊諾斯再定位

為了要使再定位策略奏效，一定要講競爭產品的壞話，以便能改變它原先在消費者心中的印象。「『道爾頓』（Doulton）──來自英格蘭斯多克特倫鎮的瓷器，和『萊諾斯』（Lenox）──來自紐澤西波瑪那鎮的瓷器的大對決」。請注意看道爾頓是如何將萊諾斯再定位。由於萊諾斯這個品牌聽起來很像英國音，使很多消費者誤認它是從英國進口的。僅僅剛才那個廣告，就使道爾頓在市場銷售量增加了百分之六。

曾有人說過：「廣告的目的並不是要讓產品和消費者間做溝通，而是要讓競爭對手的廣告撰稿人心驚膽戰。」這句話聽起來倒也有某些道理。

美製伏特加再定位

「大多數的美國製伏特加嚐起來很像俄國製的」，廣告如此寫著。上面的標題也明白地寫著：「沙莫瓦（Samovar）：產製於賓州史琪理鎮。斯米諾夫（Smirnoff）：產製於康乃狄克州哈特福鎮。沃爾夫契米特（Wolfschmidt）：產製於印地安那州羅倫斯堡。」

「史托理奇那亞（Stolichnaya）則不同，它產製於俄國」，該廣告繼續寫著。而且酒瓶上也貼著印有產製於俄國列寧格勒的標籤。結果，史托理奇那亞的銷售量開始激增。

可是，如此貶低產品間的競爭有這個必要嗎？為何史托理奇那亞的進口商百事可樂公司不在廣告上只寫著：俄製伏特加呢？該公司當然也可以這麼做。不過這樣的廣告並不能為該產品增加賣點，因為消費者對產地通常會感到興趣。

你應該拿過很多酒瓶，但可曾仔細端詳找出該品牌的產地呢？這些品牌名稱（沙莫瓦、斯米諾夫、沃爾夫契米特等）皆暗示著和俄國扯上關聯。史托理奇那亞之所以能贏得令人難以置信的一場勝仗，完全歸功於下文會提到的一個因素。

人們總是喜歡看到高貴且強而有力的東西展現在眼前。注意看其他的伏特加酒是如何運用廣告來幫助它的競爭對手史托理奇那亞：

「正值俄國的黃金年代。在這個時期流傳著許多傳奇，沙皇就像是個巨人，站在人群中有如鶴立雞群。他只消用一隻膝蓋，就能將鐵棒弄彎，用一隻拳頭就能將銀製的盧布壓碎，對人生充滿熱切的程度又是無人能比。他最喜歡喝道地的伏特加酒，沃爾夫契米特伏特加。」

然後讀者又繼續翻到史托理奇那亞的廣告，在裡面，他看到了，原來沃爾夫契米特的產地是印第安那州的羅倫斯堡。

接著阿富汗伏特加酒也加入競爭，使得史托理奇那亞頓時陷入困境。但這只是暫時的，幾個月後，暴風雨過去了，史托理奇那亞又再度活躍在市場上，而且銷售量要比以前還要好。

品客再定位

再看看品客（Pringle's）洋芋片。挾著由寶鹼公司投資1500萬美元的強大聲勢，品客很快就吞下了市場百分之十八的銷售率。老牌的洋芋片懷思（Wise）不得不以將品客再定位的策略來予以反擊。

生產懷思的伯登（Borden's）公司在電視上打著廣告說：「懷思洋芋片是用純植物油和鹽精製而成。可是，脫水的品客洋芋片卻含有二酸甘油脂、抗壞血酸、丁醛等化學物質。」

品客的銷售量急速下降。市占率從百分之十八滑落到百分之十，比寶鹼預期的目標百分之二十五相差甚多。除此之外，研究結果也突顯出另一個問題：很多人抱怨品客洋芋片吃起來像在吃厚紙板。

當消費者看到諸如二酸甘油脂及丁醛醇酸的字眼時，其表

情可想而知。不論就視覺或味覺的觀點來看，在消費者心中，口味是很重要。眼睛看到了預期想看的東西，舌頭也嚐到預期想嚐的東西。

假如你被迫喝下一杯含有化學物質的水，一定很不舒服。但若是一杯純淨的水，你就會喜歡喝。這就對了，關鍵不在於味覺而是在於腦部。

總部設於辛辛那提的寶鹼公司最近改變了策略，要讓品客洋芋片成為天然性食品。

但是傷害早已造成。不論在政界或包裝食品業，不變的情形是：一旦失敗一次，就永遠是輸家。也因為如此，想讓品客和吉米‧卡特（Jimmy Carter）東山再起相當困難。

在消費者腦中有一角落，擺滿了許多寫上輸家的盒子。一旦產品被送到那個角落，就不用再玩了。回到起點再從頭開始吧，推出新的產品，玩新的遊戲。

其實，寶鹼早就應該知道再定位此一策略的威力，以便事先就做好防範措施來保護品客。

李施德霖再定位

寶鹼公司最為奏效的策略，是用來促銷史克博（Scope）漱口水的那個廣告。該公司用幾個字來將競爭對手李施德霖（Listerine）再定位——有藥水味。

單是這幾個字就足以將李施德霖所標榜的「一天兩次，口臭不再」的成功廣告打得滿頭包。這個廣告果然奏效，史克博因而從市場龍頭老大李施德霖手中搶走了不少銷量，還將自己

穩穩地鞏固在老二地位。

李施德霖和史克博之間的爭戰也導致了不少傷亡。米克林（Micrin）和比那卡（Binaca）兩品牌相繼垮台。拉佛里斯（Lavoris）在市場的占有率則日益萎縮。可是有件必須面對的事實：按理說，史克博應該登上王座，為何只屈居第二呢？

為什麼呢？讓我們對品牌名稱好好審視一番吧。史克博（Scope，機會範圍）這個名字聽起來很像是派克兄弟這個棋盤遊戲裡常用到的一個名詞，聽起來完全不會讓人有一種既能消除口臭又能吸引異性、具神奇味道的漱口水。假若史克博的名稱能換掉，改成如「真相」（Close-Up）牙膏那樣的名稱，耀眼的品牌名稱再搭配靈活的再定位策略，就會穩奪銷售冠軍。

再定位和比較廣告

泰諾、史克博、道爾頓以及其他品牌的再定位策略獲得成功，使得商界興起一股再定位風。然而，時常可以看到的是，廠商因未能完全了解再定位策略的真義，常常變得畫虎不成反類犬。

「我們比競爭對手要強」，這並不是再定位，而是一種比較式廣告，一般來說，這種廣告方式的成效不彰。因為這種廣告會讓消費者產生狐疑：「既然你的產品如此優良，為何不是市場的龍頭老大呢？」

只要對比較式的廣告稍加研究，就可以看出來，為何它是一種很難奏效的廣告方式，因為它未能將競爭重新再定位。更可笑的是，還拿競爭對手的產品和自己的產品相互比較，再告

訴讀者或觀眾該產品是比競爭對手的產品更好。這當然是消費者期望廣告者所能說的話。

「班（Ban）要比好幫手（Right Guard）、密祕（Secret）、蘇兒（Sure）、艾瑞德超乾（Arrid Extra Dry）、密琴（Mitchum）、舒適乾爽（Soft & Dry）、全寶貝（Body All）、黛兒（Dial）等品牌來得有效」，這是出現在班最近廣告裡的廣告詞。讀者看完這樣的廣告後，不禁會問：「可不可以再新鮮一點？」

再定位策略合法嗎？

假若貶抑對手是違法的話，可能每一個從政者都要遭受牢獄之災了（當然，很多先生及太太們也難逃法律制裁）。事實上，聯邦交易委員會還曾為再定位催生呢——至少在電視方面。

一九六四年，國家廣播公司率先廢除在其頻道上禁止刊登比較式廣告的命令，但似乎沒有激起太大的漣漪。製作廣告要花很多經費，很少廠商願意製作兩種不同版本的廣告，好讓其中一種僅供國家廣播公司頻道使用，另外一種則供其他頻道使用。

因而在一九七二年時，聯邦交易委員會責成ABC及CBS兩家電視網，也允許廠商在廣告裡可以提及競爭對手的產品名稱。

在一九七四年時，美國廣告人協會制定了新的比較式廣告方針，這也代表了廣告政策的重大轉變。在過去，四大廣告公司一向不鼓勵會員使用比較式廣告手法。

在一九七五年，執英國電台和電視牛耳的獨立廣播機構也允許比較式廣告在英國的電視網上出現。如此算來，再定位策略的合法化已達十年以上的歷史。

再定位是不道德的嗎？

在過去，廣告都是針對自己的產品。也就是說，廣告人在研究了產品本身及其特色之後，就著手廣告的製作，希望藉由廣告，能讓消費者與產品間做一番溝通，進而對產品特色有更深入的認識。至於競爭產品是否也具有同樣的特色，廣告人是不會去注意的。

這就是傳統的廣告手法——完全無視於競爭對手的存在，彷彿市場空洞得只有自己的產品。若在廣告中提及競爭對手或產品的名稱，不但被視為格調低，也是一種極不高明的策略。

然而，在定位的紀元，遊戲規則正好相反。為了在市場占有一席之地，不僅必須提及競爭對手的名稱，也要將傳統的廣告遊戲規則拋諸腦後。

消費者腦中擺了許多不同種類不同品牌的階梯，且對每一項產品的用途也早已知之甚詳。為了使自己的產品攀登上消費者腦中的產品階，必須將自己的產品和產品階上的產品一同列舉。

雖然再定位的策略一再奏效，但無可諱言地，卻也引發許多抱怨和爭議。許多廣告人甚至對於廣告界出現此一策略感到悲哀。

有位退休的廣告人曾說過：「時代已經改變了。廣告人已

不再只滿足於宣傳其產品的特色及好處。現代的廣告詞裡都是吹噓自己的產品如何勝過對手的產品。整個情況變得令人可悲,電視又助長此股歪風,讓各家品牌間互相攻訐的情形呈現在數百萬計觀眾的眼前,應極早制定法令來規範此種不道德的行銷手段。」

一位名列十大廣告公司的董事長曾說過:「比較式的廣告並沒有違背法令,當然也不應違背法令。只不過我們今天所拍的比較式廣告卻被文化人士斥為粗俗且不入流。」

魚與熊掌是永遠無法兼得的。若想表現精緻文化和文化素養,就製作歌劇;若想賺大錢,就去拍電影。不錯,文化素養的確值得讚賞,但在廣告界則並不是非得有此一特質不可。利用廣告來告訴人們某些產品不好,某些產品是最好的,難道就會使整個社會生病了嗎?

那麼,報社將壞的消息放在頭版而將好消息放在社會版裡,是否也錯了呢?廣告這種靠溝通起家的行業其實就像花邊新聞一樣,是由壞消息來養大的,單靠好消息是沒啥看頭的。或許,你認為事情不該如此,可是,事實就是如此。

想要在這個百家爭鳴的廣告業有所成就,就應該根據該行業所訂的遊戲規則來從事廣告工作,而不是根據一己的看法。

千萬不要氣餒。從長遠觀點來看,在廣告中加一些貶抑或許要比傳統充滿誇耀式的宣傳廣告對消費者的權益更為尊重呢!只要在廣告中據實以報,相信再定位的策略必能為廣告業帶來生機。

第9章
品牌名稱的魅力

任何產品都應該取一個好名字，因為有了好名字產品才有可能
一帆風順；名字一旦取不對，縱使企業再怎麼努力，也是徒勞
無功。

　　品牌名稱可說是將產品掛在消費者心中產品階的掛鉤。在
定位的紀元，最重要的行銷決策就是為產品命名。

　　莎士比亞錯了。玫瑰假若用其他的名字來稱之，聞起來就
不會那麼香了。人們不僅會看到期望看到的東西，也會聞到他
所期望聞到的東西。這也就是為什麼在從事香水的行銷時，最
重要的一個決策就在為香水命名。

　　沃福德（Alfred）會比查理銷售量高嗎？那當然不會。但
是位於加勒比海原名豬島（Hog Island）的小島在改名為天堂
島（Paradise Island）之後，其運勢才大幅好轉。

如何選名稱？

　　千萬不要往歷史裡找，並挑出法國賽車選手（雪佛蘭，
Chevrolet），或是駐巴黎代表女兒（摩西狄斯，Mercedes）的
名字來為產品命名。

在過去行得通的，現在或未來不一定也能行得通。過去的產品不多，廣告量也很少，因而品牌名稱就不是那麼重要。

但在今天，一個沒有代表任何意義的普通品牌名稱是無法在消費者心中留下深刻印象的。你要找的是一個有助於定位，且能讓消費者知道產品好處的品牌名稱。

像海倫仙度絲（Head & Shoulders）洗髮精、精心照料（Intensive Care）潤膚液以及真相牙膏……等都是。

另外像名為強勁（DieHard）的強力電池、名為搖烤（Shake in Bake）的烹煮雞肉新器具，以及名為鋒利（Edge）的刮鬍液也都是成功的例子。

品牌名稱不應逾越界限。也就是說，不應和產品的性質過於接近以致於像極了屬名——所有該種類產品的總稱，完全沒有品牌獨特的名稱可言。

美樂牌淡啤酒（Lite beer from Miler）就是一個品牌名稱逾越界限的最好例子。因為，市場接二連三出現了Schlitz Light、Coors Light、Cud Light等其他品牌的淡（light）啤酒。由於大眾及傳播媒體迅速大量地使用Miller Lite這些字眼，使得美樂淡啤酒原先以為可以獨樹一格的「Lite」品牌名，因為和「Light」的發音過於相似而喪失了其獨特性。

在不久的未來，商標律師一定會將美樂啤酒此一活生生的慘痛教訓，引為可能導致商標被錯誤濫用的最佳實例（律師們就對柯達及全錄等商標取名的成功感到佩服）。

挑選品牌名稱就好比駕駛一輛賽車。為了獲得勝利，非冒險不可。一定要選擇和屬名接近卻又不會相混淆的名字。假若你不慎誤闖屬名的領域時，也沒關係。世上賽車冠軍選手在邁

向冠軍之路前也都或多或少在比賽時出軌過幾次。

　　一個類似屬名但又能特別將產品特色表現出來的品牌名稱，能夠阻止想分食市場大餅的競爭對手之入侵。**我們可以這麼說，產品品牌名稱取得好是該產品永保成功的最大保證。**《時人》（*People*）雜誌名字取得就非常好，讓人一看雜誌名稱就知道這是一本內容以花邊新聞為主的雜誌，讓它獲得了一面倒的勝利。另外一份想分食市場大餅的雜誌《我們》（*US*）雜誌，則陷入一番苦戰。

避免不適切的品牌名稱

　　反過來說，若以一個每週出刊的新聞刊物來說，《時代週刊》名字沒有《新聞週刊》取得好。《時代週刊》是每週性新聞雜誌的先驅者，銷售量也很成功。可是《新聞週刊》的表現也不俗（事實上，《新聞週刊》每年所賣出的廣告頁數要比《時代週刊》多）。

　　很多人都認為《時代週刊》這個雜誌名稱取得不錯。從某方面來說是沒錯──簡潔、易記，且琅琅上口。但從另一方面來看，則又顯得詭譎且難以捉摸（「Time」顧名思義也可能是鐘表業所發行的商業性雜誌）。

　　《財星》雜誌取名也取得不是很理想。（「財星」顧名思義也可能是為股票商、大宗貨物商或賭徒所辦的雜誌，有點語焉不詳。）《商業週刊》則是一個較為貼切的名字，當然也是本相當成功的雜誌。

　　品牌名稱也有可能因時間的關係而不再流行，這會使競爭

對手有機可乘。《君子》雜誌（*Esquire*）這個名稱非常適用於年輕的中產階級。因為在過去，年輕的中產階級都會在簽完自己的名字之後再加上 Esg.。可是後來《君子》雜誌還是不得不將冠軍寶座拱手讓予《花花公子》雜誌。每個人都知道《花花公子》雜誌的內容是什麼，是談女性，卻沒有人知道《君子》雜誌的內容到底是什麼？

過去幾年，《遊艇雜誌》（*Yachting*）一直是航海界最暢銷的大眾化雜誌。可是今天，又有多少中產階級人士擁有遊艇呢？這也是為什麼最近這幾年《帆船雜誌》（*Sail Magazine*）的銷售量一直逼近《遊艇雜誌》。

在電視尚未發明之前，所有的廣告只能出現在報紙或雜誌上，也因此名為《印刷機墨水》（*Printer's Ink*）供廣告界人士參考資料的雜誌，其品牌名稱取得很好。但是，自從有了電台和電視之後，雜誌和報紙等印刷類的廣告充其量也不過是和電台和電視廣告一樣重要。也正因為時代的改變，使得《印刷機墨水》雜誌不得不黯然下台，現在市場上的超級主流是《廣告時代》雜誌。

《華爾街日報》是世上發行量最大的刊物之一。它沒有什麼真正的競爭對手。不過，對於一份每日出刊的商業報紙來說，《華爾街日報》並不是一個非常適切的品牌名稱。這個名稱有令人產生範圍只局限於華爾街的商業活動之印象，事實上，該份報紙所報導的是一般性的商業新聞。

還有一些產品品牌的名稱是隨機而生的。有些工程師或科學家總愛為其心愛的新創產品取名，但這些卻大多是糟透了的名字。例如名為 XD-12 的新產品（其原來的用意是代表實驗

〔experimental〕設計〔Design〕第十二號）。可是這樣的名稱對消費者來說，根本毫無意義。

再舉曼能E（Mennen E）為例。人們總是傾向於看字面意義。雖然花了1000萬美元的廣告經費，曼能E除臭劑還是無法脫離失敗的命運。問題就出在印在瓶子上的商標名稱，連該產品的廣告都承認取名為曼能E實在是有點奇怪。「令人無法置信，曼能E竟然是一種除臭劑。」

確實是令人難以置信，也就是說，除非該產品是以想要擁有全美最強健的腋下為產品的訴求者，否則曼能E在市場裡的壽命是不會長久的。

布利克一號（Breck One）和高露潔一百號（Colgate 100）的商標名稱也是毫無意義的。若是產品品牌間的功能沒有太大差異時，較佳的品牌名甚至能為產品銷售量帶來幾百萬美元的差異。

何時使用創新品牌名稱？

像可口可樂、柯達及全錄等使用創新品牌名稱的產品，都能在市場裡大放異彩，原因何在？許多人由於未能了解時機的重要，因而也就很難理解定位的概念。產品的先驅者勢必會出名的──不管它是叫林白、史密斯（Smith）、或是蘭普利斯提爾斯金（Rumplestiltskin）。

可口可樂是可樂飲料界的先驅者，柯達是低價照片的先驅者，全錄則是第一家生產影印機的公司。以可口（Coke）這個名字為例。由於可口可樂的銷售大為成功，就誠如語意學家所

言，Coke除了是一個可樂的品牌名稱之外，還具有第二種意義——代表可樂這個飲料。

不錯，Coke既然原本有「煤在缺乏空氣而燃燒後的遺跡」以及「古柯鹼」的字面意義，又為何會以這個字詞來為可樂飲料命名呢？

那是因為Coke這個字來代表可樂的意義已強過其他意義，所以可口可樂公司也就不用擔心其商標名稱會帶來任何負面含義了。

但是，若將新產品的商標名稱取名為凱斯（Keds）、可麗舒或是靠得住（Kotex），那就危險了。只有是新產品的先驅者，並確定該產品會深受消費者喜愛，否則取一個沒有多大意義的品牌名稱是很危險的，並非任何品牌名稱都能在市場上獲得佳績。

因此，取名的原則是：盡量避免使用創新的字詞，應使用從字面可看出產品性質的字詞，例如Spray'n Wash（噴霧與洗濯）。

以下是一些統計數字，可作為產品命名時的參考。最常用的五大英文開頭字母分別是S、C、P、A、T，最不常用的五個則分別是X、Y、Z、Q、K。每八個英文字中，有一個是以「S」為開頭的，至於以「X」為開頭的，每三千字中才有一個。

負面品牌名也具正面效果

科技的發展使得產品一再改良及推新，但許多新產品卻很

害怕會取一個二流的模仿名。就以人造奶油為例。雖然人造奶油在市場已行銷數十年，至今仍被視為是奶油的仿製品（當然，硬要將它說成是天然奶油並非明智之舉）。

假若在一開始就能慎選品牌名稱，就會對該產品產生很大的助益。那人造奶油究竟叫什麼才會比較好呢？若根據花生奶油命名的實例，應該叫黃豆奶油。人造奶油這個名詞會容易在消費者心理引起一種想隱藏什麼的疑慮，是不是不想讓消費者知道它是由什麼製成的？

大家都知道奶油是由牛奶所製成的，那人造奶油到底是由什麼製成的呢？由於該產品的原料不為人知，使得消費者會認為，人造奶油一定有些不對勁的地方。

將產品從櫃裡拿出來

若想克服產品名稱帶來負面反應的危機，首先就是要將產品從櫃裡拿出來。在審視實況之後，將產品名稱更改為像黃豆奶油之類的名稱。

如此一來，就可以進行長期的宣傳戰，大力宣揚黃豆奶油勝過牛奶奶油之處。廣告宣傳的重點則可強調是純黃豆提煉的。同樣的原理也可以用在將商標名由「有色」改成「黑人」再改成「黑色」。

黑人本來是一種人造奶油的商標名，卻有被誤會成影射黑人是次等公民的可能。至於有色的，則又無法明確將產品的特點顯現出來。廠商本來所要暗示的是——顏色愈純愈好。

黑色無疑是一個較好的品牌名稱。因為它可以使廣告的重

點用在強調黑色之美，進而引申具有各種族間平等共存的含義（你或許喜歡白色，但我卻偏好黑色）。

在為人或產品取名時，千萬不要讓競爭對手將你所要用、且最能適切表達你意念的字詞搶先使用。例如前述的人造奶油即是一例。或是下列以玉蜀黍甜漿來取代蔗糖，也是一個好例子。

幾年前，科學家發明自玉蜀黍漿中抽取出甜漿的方法。結果是：此種新產品的名稱多達三種──葡萄糖、玉米糖漿，以及高果糖玉米糖漿。

取了像高果糖玉米糖漿之類的產品名稱，難怪此一新產品會被認為是和蔗糖或是真正的糖相比之下的次級品。最後，供應玉米糖漿的最主要公司──玉米產品公司（Corn Prod-ucts），決定將此一新產品命名為玉米糖。此一重大改變使得該公司得以將玉米糖光明正大地和蔗糖及甜菜糖擺在一起相提並論。

「世界上有三種糖──蔗糖、甜菜糖及玉米糖，請善加選擇」，這是玉米產品公司所打出的廣告詞。

行銷人員應該知道，聯邦交易委員會負有監督各產業產品屬名的責任。不過，聯邦交易委員會也並非無法被說服。「假若不能將它稱為糖，那是不是可以將玉米甜漿加入冷飲內，並稱此一冷飲是不含糖飲料？」

很多特殊團體都知道取一個好名字的重要性。生命權運動以及公平交易法令就是兩個最好的例子，而且又有哪位參議員或眾議員膽敢對名為清新空氣法的法案提出反對意見。

在對如公平交易如此深得人心的概念提出反對意見時，必

須注意的是，千萬不要有將公平交易此一名詞再命名的念頭，如此一來，只會在聽眾中引發不必要的困惑。

由於消費大眾早已認可公平交易法，若想反對，就應試圖推出一項維護價格法來加以反制。多年之後，這個曾經為好幾個州所施行的法律終於被廢除了。

較佳的策略是繞著公平交易法這個名詞打轉。也就是說，藉著使用相同的字來將其原有的含義徹底以相反意思加以解釋，以達到再定位的目的。「對交易來說是很公平，但對消費者來說卻是不公平的」，這就是將此一策略發揮得淋漓盡致的最佳實例。

大衛和麥可VS.休伯和艾姆

雖然一般人都認為姓名只不過是一個名字而已，可是有愈來愈多的證據顯示，人的姓名在日常生活中扮演著非常重要的角色。有兩位心理學教授曾探究為何小學生會以非常稀奇古怪的名字來捉弄同學。

這兩位教授實驗的方式如下：將許多四、五年級小學生所寫的作文各冠上一個不同的名字，其中有兩組名字也在實驗內，以便用來解釋此一實驗結果。

這兩組名字分別是頗為討好的「大衛及麥可」（David and Michael），以及不怎麼討好的「休伯和艾姆」（Hubert and El-mer），當然這四個名字也都先後分別出現在相同的作文姓名欄裡。每一篇作文都會經過不同的小學教師來評分。（這些教師都不知道自己也是被實驗的對象，因而都以平常心來批改評

分。）

結果同一篇作文在冠有大衛或麥可的姓名時，所獲得的分數比冠上休伯或艾姆時高出許多。兩位教授認為之所以有這樣的現象發生是因為，「老師們從過去的經驗得知，名為休伯及艾姆的學生在學業成績方面大多沒有優異的表現。」

有名的人假若其名字很奇怪，結果會如何呢？就以休伯‧韓福瑞（Hubert Humphrey）和阿德萊‧史蒂文生（Adlai Stevenson）為例，他們都分別敗給李察（Richard）和杜艾（Dwight）。

假若李察‧尼克森改名為休伯‧尼克森，而休伯‧韓福瑞改名為李察‧韓福瑞，或許原為李察‧尼克森的休伯‧尼克森不會當選！

吉米、傑瑞、李察、萊登、約翰、杜艾、哈利、富蘭克林，這些受歡迎且成功的名人都是入主白宮的常客。一直到赫伯（Herbert）當選總統，白宮才開始有不甚討好的名字的主人。

一九二八年赫伯‧胡佛（Herbert Hoover）擊敗的總統候選人對手是阿爾福列德（Alfred），也是一個不甚討好的名字。一九三二年赫伯想競選連任時，碰上了名為佛蘭克林（Franklin）的對手，赫伯敗下陣來，而且敗得很慘。

當你聽到艾德索（Edsel）這個名字時，心中有何感想？艾德索是個失敗且不討好的名字，但福特公司不但不知情，還將它作為新車車系的名稱，結果這個車系在市場裡全軍覆沒。

再以凱瑞爾（Cyril）和約翰（John）為例。根據心理學家大衛‧薛普（David Sheppard）的說法，對於一群不認識名為

凱瑞爾和約翰的人來說，直覺地認為凱瑞爾這個名字聽起來很詭異，而約翰這個名字聽起來則非常親切可信。

人們總是會看到其所期望看到的東西，壞的或不適合的名字則只會令人更加深信該產品或人是不好的信念。艾姆是個失敗且不討喜的名字。當人們看到艾姆把工作搞砸的時候，一定會說：「我早就說過嘛，艾姆一定會失敗的。」

以下是一則真實的故事。紐約某家銀行有位會計人員名叫楊・J・布柔（Young J. Boozer），當有位客戶打電話要找楊・布柔的時候，總機小姐反倒問客戶：「我們銀行裡叫楊・布柔的人很多，請問您要找的是哪一位？」

航空界的休伯和艾姆

名字是訊息和心靈接觸時的第一線工作者。從美學的觀點來看，名字並沒有所謂好或壞，也沒有任何名字具有提升訊息效果的作用，但名字無疑地卻有適切或不適切的效果。

就以航空業來說。美國國內四大航空公司是聯合（United）、美國（American）、達美（Delta），以及⋯⋯。套句某家航空公司的廣告詞：「你知道自由世界裡使用第二大巨無霸客機的航空公司是哪一家嗎？」沒錯，是東方航空公司（Eastern Airlines）。

和所有的航空公司一樣，東方航空有其缺點亦有其優點。不幸的是，該公司的缺點比優點多。在經營國內航線的四大航空公司裡，東方始終是乘客心目中的老四。

為何會如此？是東方這個名字把該公司害慘了，因為消費

者心中一定會認為這只不過是一個區域性的航空公司，若單從公司名稱來看，東方和美國、聯合、達美等名字相比，顯得小家子氣了些。

在消費者心目中，東方和派得蒙（Piedmont，介於美國大西洋和阿帕拉契山之間的地區）、奧沙克（Ozark，美國中西部的高原）和南方等都似乎是有地域性的公司。

人們總是會看到期望看到的事。搭乘美國或聯合的乘客，若遇到有服務不周之處，會說：「事情有時出點差錯總是在所難免。」他們總認為這兩家公司還是會提供優良的服務品質。

然而，搭乘東方的旅客在遇到服務不周時，則會說：「我就知道，東方的服務品質很差，總是一錯再錯。」他們總是認為東方根本無法提供優良的服務品質。

其實，東方也不是不想提升形象。幾年前，該公司聘請了一批一流的行銷人員來突破現狀。這段期間也實施了多種提升公司聲譽的方法，例如機身重新改漆、改善機上食物，以及改進空服員服裝等。

為了提升形象，東方不惜花費大筆經費，連續幾年它的廣告經費都一直居航空業之冠。最近這一年，東方花在廣告上的經費高達7000萬美元。

在花了那麼多廣告費之後，消費者對東方的印象是否有所改變？認為東方的飛機會將他們帶到哪裡去？大概還是在東部海岸飛上飛下，範圍只限紐約、波士頓、費城、華盛頓、邁阿密等東部的城市吧？

其實，東方的航線也及於聖路易、新奧爾良、亞特蘭大、丹佛、洛杉磯、西雅圖，以及墨西哥的阿卡波可和墨西哥市。

消費者心中那雙展翅的翼是不願被一個地區性的名稱所限制。也因此，當有機會選擇具全國性名稱的航空公司時，自然不會選只具地區性名稱的東方航空公司。

該公司所遭遇的難題是一個無法釐清事實和認知的典型實例。許多行銷界的老手看了東方的情形之後說：「使東方陷入困境的並不是它的品牌名稱，而是服務不佳、餐飲差、行李處理錯誤百出，以及晚娘面孔的空服人員。」他們認為這些認知就是導致東方形象低落的主因。

他們似乎沒有想到，其他具地區性名稱的航空公司，例如派得蒙、奧沙克、艾吉尼（Allegheny，艾吉尼為美國一河流名，其流域包括紐約州，賓州及俄亥俄州）也都面臨形象低落的問題。

艾吉尼早已捨棄原名，而改成全美（US Air）航空公司，南方（Southern）及中北（North Central）兩家公司也合併為共和航空公司（Republic Airlines），全美及共和現在在航空界的發展都是有目共睹的。

艾克蘭鎮的雙胞胎

另外一個因名字而陷入困境的實例是，總部位於俄亥俄州艾克蘭的兩家公司。假如自己的產品品牌名稱和另一家規模稍大的品牌名稱相似時，例如Goodrich和Goodyear，該怎麼辦呢？

固力奇（Goodrich）遭遇到難題了。很多研究建議該公司改行生產車輪，將輪胎業拱手讓給固特異（Goodyear）。令人

驚訝的是，固力奇勇敢地面對和同業某一品牌名稱相近的事實。該公司多年前就打出了這樣的廣告：

「這是對創辦人班傑明‧固力奇（Benjamin Eranklin Goodrich）的打擊。造化弄人，使得敝公司創辦人的名字和競爭對手產品名字頗為相似。固特異、固力奇這兩個品牌確實會使人感到困惑。」

在廣告的最下方還寫著：「假如您屬意的是固力奇，請牢記，是固力奇而非固特異。」

換句話說，這並不是固力奇的問題，而是你的問題。固力奇是全美第一家生產鋼圈輪胎的公司。然而，數年之後，當消費者被問及哪家公司生產鋼圈輪胎時，有百分之五十六說是固特異，只有百分之四十七說是固力奇。在艾克蘭有句流行語：「固力奇從事發明，法爾史東從事開發，固特異則從事銷售。」固特異的領先每年不斷地提高，迄今為止，它和固力奇的銷售量已達三比一。大公司愈來愈大，這很符合常理。

可是很奇怪的是，固力奇雖然敗陣下來，但它的廣告還是引起了廣大注意。「我們是另一家輪胎公司」，這個廣告詞在媒體間引起了正面的回響，可是在輪胎消費者間卻沒有激起太大的回應。固力奇這個名字使得其產品在面對競爭對手固特異的產品時，通常只有望塵莫及而已。

托力多市的三胞胎

假如艾克蘭那兩家公司間的恩恩怨怨不易了解，那再舉托力多市的三家公司為例——歐文斯‧伊莉諾伊斯（Owens-Illinois）、歐文斯·康寧·法柏格拉斯（Owens-Corning Fiber-glas），以及莉比·歐文斯·福特（Libbey-Owens-Ford）。

這三家公司都不是省油的燈。歐文斯·伊莉諾伊斯的財產淨值35億美元，歐文斯·康寧·法柏格拉斯為30億美元，莉比·歐文斯·福特則是17.5億美元。

從歐文斯·康寧·法柏格拉斯的觀點來看這一名稱相仿的難題。一提到歐文斯，一般人通常都會將它和伊莉諾伊斯想在一起，因為它是三家中最大的一家。

至於康寧，由於在鄰近的紐約州裡有一家專門製造玻璃製品的康寧玻璃工廠，也有17億美元的規模，因而常被聯想成是和玻璃有關。

歐文斯、康寧這兩個名字既然都已分別被習慣和兩種事物聯想在一起，那歐文斯·康寧·法柏格拉斯還擁有什麼呢？只剩下法柏格拉斯了。

這也就是為何該公司常會在廣告上說：「歐文斯·康寧就是法柏格拉斯。」換句話說，假如你屬意法柏格拉斯，也必須將歐文斯·康寧這個名字記下來。

該公司若將整個名稱改成法柏格拉斯公司，事情會簡單很多了。如此一來，假如顧客想買纖維玻璃（f為小寫的fiber-glass），只消牢記找法柏格拉斯就對了（也就是F為大寫的Fi-berglas）。這麼做還具有實現該公司最主要目標——將法柏格拉斯由屬名變成商標名的效果。

當你的品牌名稱是休伯、艾姆、東方、固力奇或是歐文斯、康寧、法柏格拉斯等不討好的名字時，應該怎麼辦？馬上改名？

照理講應該改名，但真正能痛下決心改換新名的實例卻又不多見。大多數的公司都深信，使用原來的品牌名仍能和對手一搏。「我們的顧客和員工絕不會接受更換品牌名稱的。」

既然如此，那歐琳（Olin）、莫比爾（Mobil）、優能洛依（Uniroyal）及全錄為何都要改名？艾克森（Exxon）公司呢？它也是在數年前才將名字改成艾克森。

還記得艾克森原來的品牌名嗎？既不是艾索（Esso），也不是憨伯石油（Humble Oil），更不是安傑（Enjay），雖然該公司以前都曾用上述名稱來行銷產品。

艾克森原來的名稱是紐澤西標準石油公司（Standard Oil of New Jersey），幾年前花些小錢到商業部把它改名的。**壞名字通常只會產生負面的影響。假如名字不討好，就會愈變愈糟；反之，假如名字很討喜，則會一帆風順，且愈來愈好。**

大陸的混淆制勝之道

你能夠分辨出價值46億美元的大陸財團（Continental Group, Inc.,）和價值40億美元的大陸公司（Continental Corporation）兩者之間的不同嗎？很多人可能沒辦法分辨出來。大陸財團是全世界最大的罐頭製造廠商，而大陸公司則是一家規模龐大的保險公司。

「喔，對了，是大陸罐頭和大陸保險，現在我知道你所指的這兩家公司了。」為何一個公司會將罐頭或保險的字詞捨棄不用，卻冠上財團或公司呢？答案很簡單；因為這兩家所賣的不僅是罐頭和保險而已。

既然如此，那以後是不是可以任意在品牌後面加上企業、公司、集團等名稱呢？最好不要輕易嘗試。試想，單以大陸為公司名的就至少有大陸石油、大陸電話、大陸穀類，以及大陸伊莉諾伊斯公司等數家，而且都是資產規模十億以上的公司。

　　試著想像一下，當老闆要祕書：「請幫我接通大陸？」時，情況會如何？單是在紐約曼哈頓區，以大陸為開頭的公司，在電話簿上登記有案的就有兩百三十五家之多。

第 10 章
字母名的陷阱

先讓自己的全名闖出一些名氣，然後才可以考慮用字母來代替。當全名還不為人知的時候，千萬不要妄想讓字母名上場，這是永遠行不通的。

「我準備到 L.A.，之後我還會到 New York 一趟，」公司一位主管說。為何 Los Angeles 通常都被簡稱為 L.A.，但 New York 卻很少被簡稱為 N.Y.？

「我曾在 GE 做了兩年，才又轉到 Western Union。」為何 General Electric 常被簡稱為 GE，但 Western Union 則很少被稱為 WU？

General Motors 通常都被簡稱為 GM，American Motors 則被簡稱為 AM，卻從來沒有聽人將 Ford Motor 稱為 FM。

語音的速記

主要的關鍵就在於語音的速記。Ra-di-o Cor-po-ra-tion of A-mer-i-ca 總共有十二個音節，也難怪大多數人都將其簡稱為 RCA，才三個音節而已。Gen-er-al E-lec-tric 有六個音節，因此大多數人都將其簡稱為只有兩個音節的 GE。

Gen-er-al Mo-tors常被簡稱為GM，A-mer-i-can Mo-tors則常被簡稱為AM，但Ford Mo-tor則幾乎從來不曾被稱為FM。原因很簡單，Ford只有一個音節而已。

假若沒有發音上的方便性，大多數人是不會使用大寫字母的發音速記。New York和NY都是兩個音節，縱使常被縮寫成N.Y.，卻很少被說成N.Y.。

Los An-ge-les有四個音節長，因此人們常喜歡用L.A.來稱呼。請注意，雖然San Fran-cis-co也是四個音節，卻很少被縮寫成S.F.，這是為什麼呢？因為人們找出了一個只有兩個音節的字Frisco來代替San Francisco。同理，人們也常以只有兩個音節的Jer-sey來代替N.J.。

當人們可以在一個字或一串字母縮寫間選擇，正巧遇上發音長度一樣時，通常毫無疑問地都會使用一個字，而不會用一串字母。

發音長度有時會把人唬住。字母縮寫WU看起來要比原名Western Union短很多。可是從語音的角度來看，兩者的長度幾乎完全一樣。（在英文字母中，只有W是兩個音節，其他皆為一音節。）

消費者喜歡以簡短的發音來稱呼公司，被如此稱呼的公司對此卻有不同的看法，因為大多數的公司都是視覺取向。**公司人員花了大把心力想為公司取一個好看的名字，卻忽略了好聽有時甚至比好看重要。**

視覺的速記

商界人士也會掉入同樣的陷阱。第一步就是從自己的名字著手。當年輕的Edmund Gerald Brown開始從General Manufacturing Corporation的主管階梯開始往上爬的時候，很快地在公司內部的文件和便條紙上使用自己名字和公司名字的縮寫E. G. Brown以及GMC。

可是若想大大成名的話，必須避免使用縮寫──這是大多數從政者都知道的一個事實。這也就是為什麼Ted Kennedy 和Jimmy Carter都使用全名而不使用縮寫。

事實上，當今的從政者既不使用縮寫，也不使用中間名字。例如Jack Kemp-Gary Hart, Bill Bradley, George Bush 和Ronald Reagan。

可是有人會說，FDR及JFK又是怎麼一回事？他們兩人的情況是已經大為有名或已是頂尖人物之後才使用縮寫，否則貿然使用會讓人有模稜兩可的感覺。Franklin Delano Roosevelt 以及John Fitzgerald Kennedy是在成名之後而非成名之前才使用縮寫的。

第二步就是從公司名稱著手。當初之所以將自己公司的名稱只以縮寫表示，主要是想節省紙張及打字的時間，卻意想不到地大為成功。

例如IBM、AT&T、GE及3M。有時候總讓人覺得《財星》雜誌裡的五百大企業之所以成功主要在於公司名稱是由一連串大寫字母所組成。這種由字母所組成的標幟，似乎就在告訴人們它是一個成功的企業。

因而在今天，我們可以發現許多以大寫字母為標幟的公司名稱—— AM International, AMAX, AMF, AMP, BOC, CBI Industries, CF Industries, CPC International, EG&G, FMC, GAF, IC Industries, ITT, LTV, MEI, NCR, NL Industries, NVF, PPG Industries, SCM, TRW，以及 VF。

這些公司都不是省油的燈，它們的名字時常出現在《財星》雜誌的五百大企業裡。裡面最小的公司—— AM International，最近一年的銷售額達 5 億 9800 萬美元，公司員工則在一萬人以上（或許你一直想知道該公司的全名，是 Addressograph Multigraph Corp）。

在《財星》雜誌的五百大企業裡，你可以找出以下幾家以全名在商場上嶄露頭角的公司：Allegheny International, American Motors, Amstar, Bristol Myers, Celanese, Cluett Peabody, Consolidated Foods, Data General, Gannett, Hartmarx, H. J. Heinz, Hewlett-Packard, Inspiratioin Resources, Lever Brothers, Louisiana Land & Exploration, Mohasco, National Cooperative Refinery Association, North American Philips, Procter & Gamble, G. D. Searle, Weirton Steel 和 Westmoreland Coal。

這兩欄裡的公司哪一欄比較有名？當然是以全名出現的公司這一欄。

當然啦，像 ITT 以及 NCR 等以大寫字母為名的公司也相當有名氣。不過，就像前面舉的 FDR 及 JFK 的實例，這兩家公司也都是在成名之後才採用大寫字母的名字。

哪一類的公司較有可能快速的成長？當然也是全名公司。

為了證實此一觀點，我們曾做了一項調查：將所有公司分

為全名公司及縮寫字母公司兩種，並以《商業週刊》的訂閱者為受訪對象。

結果，有百分之四十九的受訪者聽過這些字母公司，而聽過這些全名公司的則高達百分之六十八，足足高了十九個百分點。

究竟是什麼原因使得大公司偏要做自殺性的嘗試呢？一方面是因為公司裡的高級主管在公司內一直都將自己的名字和公司的名字以字母代表之，久而久之就養成了習慣，因而自認為公司以外的人也應知道那些字母所代表的意義。另一方面則是因為高級主管也誤認為 IBM 及 GE 等大公司之所以成功，以縮寫字母為公司名應是一項有利因素。

成功沒有捷徑

只有在公司已經非常有名的時候才能成功使用公司的縮寫字母名。很明顯地，一般人在看到 GE 時，心中自然而然地就會將 GE 和 General Electric 聯想在一起。

毫無疑問地，一般大眾一定是先對全名有所了解，才會對其縮寫字母名有所反應。聯邦調查局（Federal Bureau of Investigation）及國稅局（Internal Revenue Service）就是因為名氣太響亮了，一般人才會對 FBI 及 IRS 直接產生聯想。

然而 HUD 就沒有那麼快地被一般人指認出來，為什麼？這是因為大多數人都不知道住屋及都市發展局（Department of Housing and Urban Development）這個機構。也因此，假若 HUD 想讓自己更有名氣些，該局首先就要讓 Housing and Urban

Development 這個機構為大眾所知曉。**妄想走捷徑，在全名都還沒闖出一番名氣前就讓縮寫名稱上場，是永遠行不通的。**

同樣的道理，General Aniline & Film 並不是一家非常有名氣的公司，當該公司決定將全名改成縮寫名稱 GAF 時，就已經決定了該公司將無法成名的命運了。既然 GAF 已正式地成為商標名，若想再改回原來的全名，消費者也無法接受此一轉變。

不過，很多公司似乎都被縮寫名稱迷惑了，以致於忘了要先以全名在消費者心中定好位子的必要步驟，可以說是當今潮流的犧牲者。

無疑地，當今是個縮寫字母名稱流行的年代。以 RCA 為例，沒有人不知道 RCA 是代表 Radio Corporation of America 這三個字，因而該公司也得以將 Radio Corporation of America 深埋在消費者心中，並以字母名來向消費者推銷。

不過，既然 RCA 已正式變成 RCA 了，接下來應做些什麼呢？什麼也別做，且至少要持續十年左右。這三個字母已埋入數百萬人的心坎裡，而且將無限期地停留在那裡。可是，下一代的消費者會有什麼反應呢？當他們看到那三個奇怪的字母結合在一起心中會做何感想？

RCA？是不是代表 Roman Catholic Archdiocese（羅馬天主教大主教之管轄區）？定位就像是個一生的遊戲，需要長期的經營。今天所做的命名或改名決定，可能要在未來的數年之後才能開花結果，得到成效。

聲音能夠打開心靈

挑選名字之所以會錯誤百出，主要原因就在於主管們都是生活在充滿了信件、便條紙及報告等的紙海裡，整日浮游於紙海裡的人，很容易會忘記聲音能夠打開心靈。為了想發出一個字的聲音，首先必須將字母轉化成聲音，這也就是為什麼初學者在閱讀時都會啟動雙唇，以便發出聲音。

小孩子都是先學會講話，然後才學閱讀，慢慢且大聲地將單字讀出聲，以便強迫自己的心靈將單字和其聲音共同存入腦海裡。

相形之下，學習「講」要比學習閱讀所花費的工夫要少很多。我們會將聲音直接儲存起來，等心智較成熟時，會在各種場合與其他字詞以不同的形式說出來。

日漸長大時，會學著將書寫的文字很快地在腦中轉換成聲音的語言，其速度之快使你毫無知覺此一轉換過程已發生了。

接著，你會開始閱讀文章，而且日常的知識學習中，有百分之八十是靠閱讀得來的。當然，閱讀只是學習過程的一部分而已，也有很多學習是經由視覺的線索得來的，但此種視覺的線索和傳統的閱讀是不同的。像是當你閱讀他人的身體動作以便得知其情緒時，就是一個實例。

當你在唸一些文字時，要等到腦中的視覺／語言轉換器啟動，將眼睛所看到的轉換成聲音，才算對該文字有所了解。

同樣的道理，音樂家都學會看譜並在腦中唱起該樂譜的旋律，宛如真的有人在彈奏一般。不用大聲唸就可以將一首詩記起來嗎？這可能比較難。假如在記憶一篇文章時能同時唸出聲

音來，在腦中回盪著此篇文章聲音的同時，將整篇文章記下來就容易多了。

這也就是為什麼不僅商標名，連頭條、口號及主旋律等，即使只是將它們印在紙上，仍具有聽覺上的性質。

你認為休伯和艾姆是不討好的名字嗎？假如是的話，那你一定早就將這兩個名字轉換成聽覺上的字，而且聽起來都不太好聽，因為休伯及艾姆表面上看起來並非不討好的字。

從某方面來說，印刷媒體（如報紙、雜誌、廣告看板）比收音機先問市是件令人遺憾的事。收音機才是真正的、最主要的傳播媒體，印刷媒體的內容只不過是一種層次較高的抽象概念而已。

假若訊息先設計用在收音機廣播的廣告，再印刷在紙上，通常會比較好聽。可惜的是大多數的人都是先有印刷廣告，才有廣播廣告。

過時的名字

公司之所以捨棄其全名而改用縮寫字母名的另一個原因，則在於名字已經過時了。例如RCA（Radio Corporation of America美洲收音機公司）所賣出的多項產品中，收音機反而不多了。

聯合製鞋機公司的情形又是如何呢？由於該公司早就變成一個將多種產業合併為一的企業團體，再加上製鞋機市場早被進口貨瓜分得所剩無幾。此時該公司要怎麼辦呢？他們很簡單地就將問題解決了。將公司名由 United Shoe Machinery 改成

USM公司，從此就過著雖隱姓埋名卻非常順利的日子。

Smith-Corona-Marchant也是另外一個隱姓埋名的公司。在經過一番合併過程之後，該公司早已不生產圓形燭架（Corona）等產品了，因此決定索性將公司改名為SCM公司。

SCM及USM的相繼改名是為了要隱埋過時的過去，不過，還是會發生負面的影響。

消費者的潛意識裡似乎仍存有USM就是United Shoe Machinery的概念。

幸好RCA、USM及SCM的語音聽起來不錯，否則就會困難重重。當Corn Products Company將其公司全名改成「CPC國際公司」時，市場上對CPC國際公司的反應相當冷淡。原因在於，從語音的觀點來看，CPC和Corn Products Company的語音都是三個音節長，所以CPC國際公司這個名字是歷經一段很長時間後，才比較廣為消費者接受。剛改名的時候，隨便問同業人員認不認識CPC國際公司，絕大多數的回答都是：「喔，您是說Corn Products Company吧！」

在我們這個樂於見到縮寫字母的社會，人們看到映入眼簾的字母時，首先心裡就會問：「這些字母是代表什麼意思呢！」

當人們看到AT&T時，一定會說：「是American Telephone & Telegraph（美國電話及電報公司）。」

可是，當人們看到TRW時，心中做何感想呢？很顯然地，有許多人都知道且記得Thompson Ramo Wooldridge Corporation這個全名。再加上TRW又是一家擁有60億資產的大公司，因此壓力頗大，必須大做廣告。假如TRW不用字母名而改成另一種全名，廣告的效力是否會更好呢？

有些公司很喜歡用一連串的字母名，例如VSI公司的子公司是D-M-E公司。我們並不是建議不要更改公司名稱，相反地，我們是認為，世上沒有任何東西是永久不變的。時間會改變一切，產品也會過時，市場更是起起落落，常常都需要合併，假若時間一到，公司也應該更改名稱。

U.S Rubber是一家遍及全球的公司，其所行銷的產品也不只有rubber橡膠而已。Eaton Yale & Towne是一家經過合併後的大公司，合併後連公司的名稱都變得複雜起來。Socony-Mobil 原先的公司名是Standard Oil Company of New York（紐約標準石油公司）。

上述這些公司之所以改名，完全是基於行銷的需要。若依傳統立足過去的方法都只會發展出如USR Corporation, EY&T Company及SM Inc.等怪物出來。

相反地，「忘記過去」的新方法也產生了Uniroyal, Eaton以及Mobil等三家新公司。這三個廠牌名稱對其產品的行銷助力自是不在話下，這也是因為這三家公司能成功地忘掉過去，並將自己的定位緊靠著未來。

分不清因果關係

完全不顧自己仍有相當多的缺點，許多公司對縮寫字母名稱著迷的程度真不亞於飛蛾撲火。IBM縮寫字母名稱的成功讓人覺得這就是縮寫字母名能奏效的一大證明。這就是典型分不清因果關係的實例。

International Business Machines 大發利市以及遠近馳名

（因），使得當使用IBM這個縮寫字母名時能為一般人所知曉（果）。

可是假若將此程序本末倒置的話，是絕對無法奏效的。因為，在公司仍未成氣候時就更改成縮寫字母名（因），然後又期望改名後能大發利市並遠近馳名（果），這根本是辦不到的。

這就好像是以為買了供公司使用的加長型轎車及噴射客機後公司就能名利雙收一樣，想法是非常可笑的。一定要先能獲得成功，才有錢來從事其他福利上的投資。

就某方面來說，一窩蜂想改成縮寫字母名稱，這就顯露了公司有為了縮寫字母名稱能獲得認可，而不惜犧牲和消費者溝通的機會的心態。另一方面，這也顯露了在管理階層中，這類的廣告文案，仍是他們心中的最愛。IBM的成功實例鼓舞了像CPT及NBI等同是製造文字處理機的公司，也一窩蜂地將全名改成縮寫字母名。

AT&T的成功故事促使MCI在長途電話的市場裡，也使用縮寫字母名稱來代表公司。再看兩家不同航空公司其成強烈對比的命名策略。Pan A-mer-i-can Air-lines（七個音節）其發音相當長，因而該公司（泛美航空公司）將公司全名縮短成Pan Am兩個音節，這要比原來的縮寫字母名PAA好記得多了。

Trans World Air-lines（四音節）在語音上要比其字母名的語音T-Dou-ble-U-A要少上一個音節。可是，難道TWA沒有名氣嗎？當然有名氣，不過這個名氣是花費了每年7000萬美元的廣告費才得來的。

雖然TWA和其強大的競爭對手American and United在廣告上的花費差不多，但根據調查顯示，乘客對TWA的喜好度

只有 American and United 的一半而已。TWA 縮寫字母名不討好是一主因。

既然如此，那 Trans World Airlines 應該改成怎樣的名字才好呢？當然是 Trans World，只有兩個音節，不論就視覺或聽覺來說都簡潔有力。

頭字語和電話簿

有些公司是幸運的。不管是精心設計或是碰巧遇到，其字母名組合起來正好形成頭字語。例如 Fiat（Federation Internationale Automobiles Torino）以及 Sabena（*Socieété Anonyme Belge d'Exploitation de la Navigation Aeriènne*）。

通常組織或機構在選擇名稱時都會非常小心，以期縮寫字母能形成有含義的頭字語。例如 CARE（Committee for Aid and Rehabilitation in Europe）以及 MADD（Mothers Against Drunk Drivers）。

可是有些公司就不是那麼幸運了。當 General Aniline & Film 將其公司名改成 GAF 時，忽略了 GAF 聽起來像是「笨重且常犯錯誤」，而 GAF 和 gaffe（謬誤、失敗）不論就發音、字形及字義皆太相似了。

還有一件事是人們在挑選名字時常會疏忽的：會不會很難在電話簿上找到？一般人很少會在電話簿上尋找親友或公司行號的電話號碼，因此找起來會很麻煩。

就以 MCI 為例好了。在曼哈頓區的電話簿裡，你會猜想 MCI 的位置大概是介於 McHugh 和 McKensie 之間。不過可以確

定的是，它當然不在那裡，還要再翻四十八頁，而且在七個同樣也以 MCI 開頭的公司行號中找出來（電話公司倒是遵守依字母順序排列的方式將字母名排在較前面）。

再以 USM 公司為例。在曼哈頓區的電話簿裡，足足有七頁是以 US 為開頭的，因而 USM 的位置大概是介於 US Luggage & Leather Products 以及 US News & World Report 之間。

不過，可以確定的是，它當然不在那裡。那些以 US 為開頭的，其 US 都是代表 United States，例如 United States Luggage 即是一例。然而，USM 裡的 US 並不代表任何東西，因此必須在同是純粹字母名的 US 欄中才能找到。

很多公司承擔了名稱過時的罪名，然而卻不是公司本身造成的錯誤。不過，在將原有名稱丟棄並改用縮寫字母名之前，可以再試著找找看，或許能發現其他更適切的名字可供使用。擁有了討好的名字，定位的工作做起來才會輕鬆愉快，這是絕對錯不了的。

第 11 章

搭便車的陷阱

世人皆以為和名人、名品沾上一點光，自己就可以因此出名了。其實，每一個不知名的人或產品，都有機會出名，只有存著搭便車心理的人及產品不會出名。

舉一個名為 Alka-Seltzer Plus 的產品為例。讓我們來看看能否試著想像該產品的命名情形。有一群人圍著一張會議桌坐著，絞盡腦汁想為治療感冒新配方找出能和崔斯坦（Dristan）及康得（Contac）相抗衡的產品名稱。

「我想到了，」哈利說。「就叫它 Alka-Seltzer Plus 好了。如此一來，就可以順便搭著花費 2000 萬美元大做廣告 Alka-Seltzer 產品的便車。」

「哈利，這真是個好主意。」另外一個也具有節流概念的與會者馬上就同意這個看法，其實，大多數具節流觀念的人一聽到可以省錢的妙方都會欣然接受。

可是，令人驚訝的是，Alka-Seltzer Plus 不僅無法分食崔斯坦及康得的市場大餅，反而分食了 Alka-Seltzer 的市場大餅。

Alka-Seltzer 的製造商只好將該產品的標籤一再更改，結果是 Alka-Setzer 的市場銷售量愈來愈少，但 Alka-Seltzer Plus 的銷售量卻愈來愈好。當初該新產品最好是取名為 Bromo-Seltzer Plus，如此一來就不會因名稱相近而造成兄弟鬩牆的情形。

公司產品的多元化

在產品的紀元時，生活形態較為簡單。每一家公司只做某一產業的產品，單是看公司名稱就可以知道了。

例如標準石油、美國鋼鐵、聯合航空、賓州鐵路等，但是科技的大幅進展創造了許多機會，有些公司開始涉足其他產業。

因而也造成了財團時代的來臨。此類型公司的營業項目已不再集中於某種產業。不論是時勢所趨或是購併別家公司，只要有利可圖，財團準會將觸角伸向其他產業界。

以奇異公司為例。該公司從生產噴射機引擎、核能電廠到塑膠製品，真是無所不包，且遍及各產業。RCA則在人造衛星通訊、固態電子產品，以及租車業等各產業都有不錯的表現。

很多人輕視財團。他們認為公司應堅守崗位而不應不務正業。可是，由於財團資金充沛，因而得以在市場裡產生強大的競爭力。假若沒有財團的話，我們豈不成為一個半獨占的國家了。

舉影印機為例，全錄是影印機產業的先驅者，可是現在正面臨著電腦製造業IBM、相片公司柯達，以及郵業計量器製造商比特尼鮑威斯（Pitney Bowes）的加入競爭。

甚至於當財團兼併其他公司時（例如RCA收購赫茲，ITT收購艾維斯），它們能夠提供足夠的財力來讓被收購的公司保持成長及競爭力。

否則，當公司的創始者一旦退休或死亡後，大量遺產稅或贈與稅會使公司的財務轉劣，進而無法以較大的優勢來抵抗外界的競爭。

正因為如此，一家公司典型的生命週期大致如下：**創始人靠創意建立公司，假若成功的話，接下來就是等待死亡和遺產稅的來臨，最後被另一財團收購為其旗下的一員。**

兩種不同的策略

由於公司的成長是靠兩種不同的策略（內部的發展或是外部的收購），和兩種不同的命名策略。至於使用何種策略，端賴公司自己的意願。

當公司靠自己研發出新產品來尋求發展時，通常會以公司的名稱來為產品命名，例如奇異電腦。當公司是靠外部收購來獲得發展時，通常會將原公司的名稱保留。例如RCA保留了赫茲，ITT也保留了艾維斯。

不過也不盡然如此。當史化瑞‧蘭德（Sperry Rand）公司自行研發出電腦產品時，將其產品命名為優諾維克（Univac）。當全錄公司以收購的方式進軍電腦業時，將原產品名由科學資料系統改為全錄資料系統。

撇開公司本身的意願不談，到底什麼時候該用公司名，什麼時候該用新產品名呢？（事實上公司的意願無法完全不管。要奇異公司不在其新產品上冠上「奇異」兩個字，似乎是大大違背了公司的意願。）

名字選擇的原理之所以仍如此難以捉摸，主要是患了林白

症候群。

假如你在消費者心中搶先定位，不論取什麼名字都能大發利市。假如無法搶先定位，又不好好地選擇一個正確的名字，就很可能常常要和閻羅王打交道了。

分而食之乎？

為了要對分別各自命名比使用公司名較占優勢的理念加以闡釋，以下就比較寶鹼和高露潔棕櫚兩家公司的策略。

高露潔棕櫚很喜歡在各項產品中冠上公司名稱，例如：高露潔牙膏、高露潔牙刷、棕櫚快速刮鬍劑、棕櫚洗碗精、棕櫚香皂……等。

可是寶鹼公司則沒有在產品冠上公司名稱的習慣，而是依產品特色命名，以便能在消費者心中留下深刻的印象。例如「汰漬使衣服潔白」、「齊爾（cheer）使衣物比白色還要潔白」、「博德（Bold）使衣物白得發亮」。

雖然寶鹼的產品種類只及高露潔棕櫚的一半，但利潤卻是高露潔棕櫚的五倍之多。

雖然最近幾天在麥迪遜大道（美國的廣告街）最流行的是對寶鹼產品廣告的嘲笑，可是千萬別忘了，該公司每年廣告的收益要比六千家廣告公司的廣告收益多。

新產品要新名字

當新產品要上市的時候，若想在產品上冠以有名氣的名

字，通常都不會有好下場。

理由至為明顯。有名氣的名字之所以有名氣，完全是因為它代表了某種東西。它在消費者心中不僅占有一席之地，也在某一產品梯子上占有相當上層的位階。

新產品假若想成功的話，應該自行開拓一個產品「梯」。新梯子、新名字，道理很簡單。

可是，被要求冠以有名氣的名字之壓力是相當大的。「有名氣的名字容易受到廣大的歡迎。我們的消費者知道我們的品牌名字以及我們的公司，若冠上公司名稱，他們也比較會接受我們的新產品。」這種延長線效應的邏輯推理非常普遍，有時候也真的很難加以反駁。

可是，歷史早就將此一美夢摧毀了。全錄花了將近10億美元將一家獲利能力高且品牌名稱響亮的電腦公司——「科學資料系統」收購下來。接著你可知道全錄做了什麼舉動？毫不猶豫地，將該電腦公司的名字由科學資料系統改名為全錄資料系統。

為什麼呢？顯然是因為全錄的名稱比較響亮。公司認為全錄這個名稱不僅比較響亮，還具有某種行銷魔力。當初就是以全錄這個新奇的名稱使該公司如灰姑娘般地發跡，所以新產品若再冠以「全錄」也應能大展鴻圖才對。

蹺蹺板原理

當你審視消費者的心靈時，就可以發現到底哪裡錯了。這就是所謂的蹺蹺板原理。一個名字絕對無法同時代表兩種不同

的產品，當一種產品因此一品牌名而大發利市時，另一種產品若也冠以相同的品牌名，極可能會一敗塗地。

全錄是影印機的代名詞，卻無法同時也成為電腦的代名詞。（假若老闆要求秘書幫他拿一份「全錄資料」，秘書拿來的若是一捲「全錄磁帶」時，你能擔保老闆不會因品牌名相同但產品不同所造成的混淆而不悅嗎？）

甚至全錄自己也都了解此一事實。在電腦廣告頭條就寫著：「這台全錄的機器不是用來影印資料的。」

這時你應會了解當全錄的機器無法用來影印資料時，也就是它自找苦吃的時候。當全錄最後關閉電腦方面的業務時，總計賠了8440萬美元。再以漢茲（Heinz）為例。它是以醃漬食品起家的，不僅在醃漬食品界早已打下知名度，也曾高居銷售冠軍。後來漢茲生產番茄醬，並冠以漢茲的品名，很成功地，漢茲現已成為番茄醬的銷售冠軍。

但是蹺蹺板的另一邊也發生變化了。漢茲原先在醃漬食品業的龍頭老大地位已拱手讓給法拉斯克（Vlasic）了。全錄若想在電腦業闖出一片天地，一定要讓全錄兩字成為電腦的代名詞。

可是，這對一個以生產影印機而聞名的全錄來說，難道不會自相矛盾嗎？全錄到底還要不要以生產影印機為經營的重心？

全錄不僅只是一個名字，也是一個地位的代名詞。就像可麗舒、赫茲、凱迪拉克、全錄等都是占穩了品質優良的地位。當競爭對手想要奪取此一地位固然不妙，若是自己拱手將位子讓給別人就更悲慘了。

無名是一項資源

許多公司之所以一再地搭品牌名稱的便車，其中一個主要原因即在於低估了「無名」的價值。不管是在政界、行銷界或真實人生中，無名都可作為一項資源，但也時常在知名度的陰影下被閒置浪費掉了。

「無名小子是永遠無法擊敗知名人物的」，這是以前最流行的政治話語，但現今的環境已大不相同，無名小子也可以擊敗知名人物。

例如默默無聞的無名小子蓋瑞・哈特（Gary Hart）之崛起，就可證明政界的遊戲規則似乎和以往有很大的不同了，以前的守則在今天已無效了。

理查・尼克森（Richard Nixon）或許是世上最知名的政治人物，但每一個人都有擊敗他的機會。**知名度就和吃東西一樣，最使人倒胃口的莫過於過分豐盛的餐食。同樣地，最能使一個人或產品的知名度遽降的行為，莫過於過度地在全國性雜誌的封面上曝光。**媒體經常在找尋新鮮而不同的年輕面孔。

在和媒體過招的過程中，必須對你的無名度有所保留，以備該用的時候使出來。當需要使用的時候，也一定要大量地使用。必須牢記在心的是：提高知名度或溝通度並不是我們的目標；能以知名度來達到在消費者心中占有一席之地才是最終的目標。

無名公司的無名產品比知名且在市場占穩位置的產品更能從知名度中獲利。「在可見的未來，每個人都有出名十五分鐘的機會。」安迪・沃荷（Andy Warhol）預測。當你的十五分鐘來臨的時候，每分每秒務必得善加利用。

第12章
延長線的陷阱

一般企業總會一廂情願地認為:「由於延長線效應的發揮,企業可以合乎經濟效益、交易時被接受、較低的廣告成本、提升公司收入及形象……等。」其實不然,這是一個陷阱——因為成功的案例很少。

假若有人要為過去十年的行銷史做結語,唯一且重要的趨勢必是「延長線效應」。換句話說,就是將一種已在市場上占穩一席之地的產品名稱冠在另一種新產品上(最後就會陷入了搭便車的陷阱)。

戴爾(Dial)肥皂,戴爾除臭劑。

救生員(Life Saver)糖果,救生員口香糖。

可麗舒面紙,可麗舒紙巾。

延長線效應如秋風掃落葉般地在廣告和行銷界刮起一陣旋風,其理由倒也頗為充分。延長線效應其實是符合邏輯的:合乎經濟效益,容易成交、消費者接受度高,較低的廣告成本、增加公司收入,提升公司形象。

一廂情願的想法

延長線效應符合邏輯是事實，卻也不盡然。延長線效應具效用和某些天真頑固且以公司立場為主的想法有關：

「我們製造戴爾香皂，這種產品很優良，使它在香皂市場的銷售量居於領先地位，當我們的消費者看到了戴爾除臭劑時，一定會知道這種除臭劑和戴爾肥皂是同一家廠商生產的。」

更多人主張：「戴爾是一種除臭劑香皂。我們的顧客一定很期望看到公司也能生產高品質的腋下除臭劑。」簡單一句話，戴爾香皂的顧客一定也會購買戴爾除臭劑。

但是請注意，當延長線效應是發生在同類的產品時，消費者的理性可能會有所改變。拜耳研發了阿斯匹靈並使該產品在止痛市場裡獨領風騷了好幾年。後來拜耳的人員也發覺，競爭對手泰諾採用的反阿斯匹靈策略已漸趨成熟。

於是拜耳又引進了一種乙醯胺酚的產品，並稱其為：「拜耳的非阿斯匹靈止痛藥」。照理說購買泰諾產品的消費者會轉向拜耳購買才對，因為拜耳一向是執止痛劑界牛耳的製造商，可是戴爾和拜耳的策略卻都失效了。

戴爾的香皂銷售量似居冠軍，但在除臭劑市場的占有率則非常低，而拜耳的非阿斯匹靈也在乙醯胺酚市場裡占極小的銷售量。

由消費者立場出發

讓我們從消費者的觀點和立場來看延長線效應，並反其道

而行。戴爾和拜耳兩家公司在消費者心中都占有極大的分量，可是在消費者心中占有極大分量是什麼意思呢？簡單地說就是：廠牌名已取代了產品的屬名。

「拜耳（意指止痛劑）在哪裡？」

「拿戴爾（指香皂）給我。」

產品的分量越夠，其名稱取代而成為該類產品屬名的機會就愈大。有些品牌分量夠重，使得它已成為該類產品的代名詞。

這些具有屬名性質的商標名差點就違反規定，所以取名時得非常小心，否則美國政府可能會下令更改品牌名。

從溝通的觀點來看，具有屬名性質的商標常是最能奏效的，那真是有一名兩用之妙處。當商標名具有屬名的性質時，就大可不提商標名，而只專心致力於產品的促銷即可。

「咖啡讓你睡不著覺嗎？何不試一試桑卡（Sanka）？」

「想讓家人吃低卡路里的食物嗎？就將蛋糕和派丟到一旁，開始吃潔羅（Jell-O）果凍吧！

從消費者的觀點來看，「延長線效應」是和「具屬名性質的廠牌名在市場上占有一席之地」背道而馳的，它會使得消費者原先對該產品的注意力變得模糊。當消費者需要阿斯匹靈時，就再也不會說拜耳了；同理，當消費者需要香皂時，也就不會說要戴爾了。

就某種層面來說，延長線效應也具有教育消費者拜耳也只不過是個廠牌名，使得消費者心目中認為拜耳是最好的阿斯匹靈之錯覺破滅了。同理，它也使得消費者不再認為戴爾就是除臭劑香皂，轉而認為它只不過是除臭劑香皂這種產品中的一種

品牌而已。

「節省錢」和「頑強」之爭

其實，真正長駐消費者心中的，不是產品本身，而是產品的名稱，消費者將它用來當作鉤子以便掛上產品的屬性。

因此，假如汽車電池的品名是「頑強」（DieHard），而生產該產品的西爾斯（Sears）公司也告訴消費者此種電池可持續使用四年，那消費者心中就有一只鉤子（名為「頑強」），以便將可供長期使用的意念掛上。

假若電池的品牌名是「傑西潘尼」（JC Penney）電池，而零售商告訴消費者此種電池不需用水，消費者心中會有一只不很牢固的鉤子（名為「傑西潘尼」），來將此一不用水的特色掛上。

名字其實就像是一把刀的刀口一樣，可以打開心靈的洞孔以便讓訊息得以穿入。假若使用適切的名字，那該產品會將那個洞孔填滿，並就此長留其中。為什麼生產傑西潘尼的公司會將電池取名為「傑西潘尼」呢？照理講應可找出其他像「頑強」如此高度溝通性的字詞才對。

假若由消費者的觀點來看，就可了解其個中緣由了。「我們是傑西潘尼公司，我們的產品相當受到各種買主（當然包括電池買主）的重視。我們將在新產品冠上我們的商標名，好讓每個人可以馬上知道它是誰生產的，為何品質如此優良？」

「只要在電池產品上冠上傑西潘尼的商標，消費者就知道哪裡可以買到這種產品了。」

「傑西潘尼，太好了，這真是一個妙招」，於是一個所謂合乎邏輯、依生產者觀點而下的決定終於產生了。可是，當形勢已造成的時候，此一冠上去的商標名卻起不了什麼作用，因為消費者的心各有不同，而且都是以產品的角度來思考的。

毋庸置疑地，假若以產品的品牌喜好度來說（也就是消費者心中的電池階梯），頑強是穩坐在最上階，而傑西潘尼則是在下下階。

可是對像傑西潘尼這種以零售商起家的大型公司來說，銷售大量電池應不是件難事吧？當然，就如同眾所皆知的，許多冠上不討好名字的產品仍然不顧後果地進軍市場了。

反過來說，消費者是否也要花費一番工夫來記得頑強電池只在西爾斯公司銷售？沒錯，這對西爾斯公司來說是一大問題，可是並非對每一位消費者都會造成困擾，若很中意頑強電池，是不太會在乎要到西爾斯公司才能買得到。**因此，廠商最好是先做好如何在消費者心中建立深刻印象的工作，再解決如何設立行銷網路的問題。**

在從事定位策略時，兩點間最短的距離未必就是最佳的策略，看似響亮的名字未必就是最討好的名字。以生產者為出發點的想法是邁向成功之路的最大絆腳石，而以消費者為出發點的想法則是邁向成功之路的最大助力。

審視名字的兩種方法

消費者和生產者對事情的看法正好完全相反。或許你不相信，對於位在亞特蘭大市可口可樂公司生產線的員工來說，可

口可樂並不是一種不含酒精的清涼飲料。對他們來說，可口可樂是一家公司、一種品牌名稱、一家機構，也是一個良好的工作環境。

但對於消費者來說，可口可樂是一種具甜味、墨顏色的碳酸飲料。杯子裡裝的是可樂，不會去在意是由一家名為可口可樂公司所生產的可樂飲料。

裝在瓶子裡的阿斯匹靈是叫拜耳，而不會去在意該阿斯匹靈是由一家叫史多露藥劑公司所生產的。

具有屬名性質的廠牌名其最大的優點，就是廠牌名和產品具相近的名稱。在消費者的心中，拜耳就是阿斯匹靈，因而其他品牌的阿斯匹靈就成了拜耳的模仿品。

可口可樂的廣告口號「只有可口可樂，才是真正的可樂」就是利用消費者的心，以便將可口可樂當成一種值得敬仰的好產品，並將想加入可樂市場的其他品牌視為可口可樂的次級品。

假若可口可樂、舒潔或拜耳正好缺貨，或是其他廠牌真的便宜許多，消費者很可能會轉而購買其他廠牌的產品。不過在消費者心中：這三家仍在各自產品階梯裡位居最上階的地位。

可是當消費者看到「拜耳非阿斯匹靈」此一新產品的廣告時，心中一定會納悶不已：「假如拜耳是阿斯匹靈、又怎麼可以不是阿斯匹靈呢？」

「拜耳限時減輕疼痛阿斯匹靈」，「拜耳充血解除劑」，「拜耳非阿斯匹靈止痛劑」等，這些對拜耳此一品名擴大延長的使用，都一一地削減了該名在阿斯匹靈市場裡的地位。不出所料，拜耳在止痛劑市場的占有率已持續走下坡。

「潘婷二十一」是什麼？

或許，延長線陷阱的最佳實例當以潘婷二十一洗髮精莫屬。數年前，曼能公司引進了一種融合了洗髮和潤髮雙效的新產品稱為「潘婷二十一」。該產品上市不久，馬上就瓜分掉百分之十三的洗髮精市場。

接著曼能公司就被延長線效應所蠱惑。在市場能成功竄起，使得該公司又推出潘婷二十一髮膠（又可分有香味和無香味，以及平常用和特殊用）、潘婷二十一潤髮乳（有兩種配方）、潘婷二十一濃縮液，而且不顧消費者已被眾多潘婷二十一搞得昏頭轉向，該公司又推出了專供男性使用的「潘婷二十九」。

也難怪潘婷二十一的洗髮精市場占有率很快地從百分之十三降至百分之二，而此一遽降仍可能持續中。可是令人難以置信史谷脫的是，延長線效應還繼續席捲整個罐頭食品業。

「史谷脫」是什麼？

再舉以紙製品聞名的史谷脫（Scott）為例。史谷脫在紙巾、餐巾紙、衛生紙，以及其他消費性紙製品等產品皆占有數十億美元的銷售量。可是，當史谷脫走下坡時，一般人仍認為它是紙製品界的巨人。

舒潔紙巾、舒潔衛生紙甚至舒潔嬰兒紙尿布，這些產品都會將舒潔的基礎慢慢吞噬掉。愈多的產品冠上舒潔的名字，舒潔對消費者的意義就愈為減少。

就以舒潔衛生紙為例。舒潔衛生紙曾是衛生紙市場的銷售冠軍。接著，寶鹼公司推出了以惠博先生（Mr. Whipple）為商標人物的佳敏（Charmin）衛生紙。現在舒潔已輸給佳敏，只居銷售第二位。

從舒潔這個案例中可以看出，占有市場最大的銷售量並不意味就能永遠保持領先的地位。最重要的是要在消費者心中占有領先的地位。假若消費者的購物單上寫著「佳敏、可麗舒、邦笛（Bunty）、幫寶適」，顯而易見地，我們可以知道消費者會買哪一種產品。若此時的舒潔列在購物單上，對消費者來說是沒有多大意義的。

借用品牌別也沒有多大的幫助。例如，小舒潔和舒潔衛生紙哪一種是專門用來擦鼻水的呢？從定位的術語來說，可麗舒這個名字是處於被遺忘的狀態，並沒有在任何產品階梯上站穩腳步。

舒潔也開始看到了自己犯下的諸多錯誤。歡樂紙巾（Viva paper）是該公司新推出的產品，坎通奈爾（Cottonelle）浴室用紙巾也是，都不再冠上舒潔這個品名了，但也都無妨其成為暢銷品。

「救生圈」是什麼？

救生圈（Life Saver）口香糖是另一個想藉延長線效應卻失敗的例子。再一次地，又是自以為延長線效應是合乎邏輯的。救生圈副總裁在《紐約時報》一篇報導中對其策略做了以下解釋：「敝人深信，提高勝算的一個好方法，就是將一個當紅的

產品名字加諸在另一新產品上，使其和當紅的產品具有相同屬性。」接著他又說明了救生圈糖果的屬性：「從消費者間的交談得知，救生圈這個名字不僅只有中間有個洞的糖果這層含義而已，還具有口味獨特、價值非凡，以及品質保證等特質。」

其實並非全然如此。假如你問一群人：「哪一種品牌名稱代表了口味獨特、價值非凡及品質保證的特質？」恐怕沒有人能說出此一品牌名。但你若問：「中間有個洞的糖果其品牌名稱是什麼？」大多數的人都會說是救生圈。

救生圈口香糖的下場如何呢？該產品不論多努力，只在口香糖市場中占有極為少數的銷售量，就和眾多只被看過一遍就未再看過的品牌名一樣，最後會為時間所淹沒。

空隙當然不在產品本身，而是在行銷策略上。非常諷刺的是，救生圈公司的另一口香糖產品——氣泡口香糖，卻在口香糖市場大發利市，可是它的名稱卻不是救生圈氣泡口香糖，而是「氣泡揚」，它是第一家軟性氣泡口香糖的品牌（擁有搶先又加上不被延長線效應所蠱惑之雙重優勢，當然能奏效）。氣泡揚獲得了壓倒性的勝利，銷售量已遠遠超過救生圈糖果。氣泡揚不僅是銷售量最大的氣泡口香糖，也很可能會成為所有種類口香糖中銷售量最大者。

「永備」是什麼？

當新科技帶來新產品時，很多公司都會直覺認為對其造成重大的威脅。聯合碳化物（Union Carbide）公司生產的永備電池，在手電筒是最常使用的照明設備時就已獨步電池市場。接

著是電晶體的發明，帶動了一些包括錄音機，以及耗電量較大的收音機等新產品之研發成功。當然，也帶動了蓄電力較強的鹼性電池之發明。

馬樂利（D. R. Mallory）先生見機會來了，因而計畫推出以明顯的黑金兩色外殼的「金頂鹼性電池」。聯合碳化物公司的人士對此一新名嗤之以鼻，他們認為該公司早就在電池業建立起一個響亮的名字。

不過，該公司也沒有全然否決，一方面接受了黑、金兩色的外殼設計，並另外取名為「鹼性強力電池」，也沒有將「永備」冠在這新產品上。

「金頂電池」此一品名其實就可將產品的特性表現得淋漓盡致了，並不需要再費神地稱其為鹼性強力電池，因為金頂本來就含有鹼性強力電池的意思。這當然就是定位的基本精神：讓品牌名能具有屬名的性質。

最後，聯合碳化物公司終於放棄鹼性強力電池，並決定完全採用金頂電池的計畫。此一鹼性強力電池最後被命名為「發電機電池」，並在電池市場裡寫下佳績。

延長線效應表面上看來會使人直覺地以為是正確的，而這也就是為什麼一家家的公司接二連三地掉入此一陷阱內，實例多得不勝枚舉，都是無法掌握時機所造成的。

一百公釐的香菸

第一根超過一百公釐的香菸的品牌為何？是「班森艾吉」（Benson & Hedges）。它是最有名且銷售量最大的一百公釐香

菸。班森艾吉剛起步時處於不利的地位，可是它還是極力將自己的品牌名稱介紹給吸菸者。

班森艾吉終於讓消費者認為它是一百公釐香菸的原創者，但事實上，它並非原創者。第一根一百公釐香菸是由波莫高得（Pall Mall Gold）公司所產製的，但該公司卻掉入了延長線效應的陷阱裡。

然後，再加上班森艾吉的入侵，便因而占據了長條香菸市場首席地位。

或許你會認為波莫高得公司在錯失此一良機之後會大為沮喪，事實上並沒有。就如我們常說的，認為延長線效應是合乎邏輯的想法非常盛行。

所以市面上有波莫薄荷菸、波莫淡菸，以及波莫100s等。而如此地濫用「波莫」這一品牌名，使得消費者昏頭轉向，當然也使得原本的波莫香菸之銷售量受到影響。

以波莫薄荷菸為例。對於製造商來說，延長線效應是合乎邏輯且無懈可擊的。「許多廠商例如庫爾（Kool）及賽倫（Salem）兩家公司都推出薄荷菸，此一新產品在市場的銷售量愈來愈大……。假如我們也推出自己品牌的薄荷菸，自然也能分食到一些市場的大餅。」

於是乎就推出了波莫薄荷菸，但是它的銷售量卻從來不曾達到庫爾銷售量的百分之七。在一九六四年時，波莫曾是美國銷售量最高的香菸品牌。在一九六五年該公司開始運用延長線效應原理，其位居香菸市場龍頭老大的地位馬上拱手讓人，退居第二位。自從該年起，波莫在美國香菸市場的占有率一再萎縮，從一九六四年的百分之十四點四占有率，到今天的只剩百

分之三點八。

既然一般品牌也都相繼加入薄荷菸市場，庫爾公司是否有必要推出庫爾非薄荷菸呢？當然沒有必要。庫爾是薄荷菸的原創者，庫爾可說就是薄荷菸的代名詞，就像拜耳是阿斯匹靈的代名詞一樣。

在今天，規模較像樣的香菸販賣店展售的香菸品牌超過一百種（包括因延長線效應而產生的同門師兄弟產品），而香菸製造業所生產的香菸品牌總計在一百七十五種左右，如此多的品牌足以讓消費者猶豫不決。

兩大位居領導地位的品牌——萬寶路和溫斯頓也都運用延長線效應相繼推出了淡菸、一百公釐長菸、以及薄荷菸等各種產品。若從前面所舉的諸多失敗例子來看，這兩家香菸公司是否也會步上波莫的後塵呢？很可能會。但在一個瞎子王國裡，獨眼龍就有機會當國王了。

幾乎所有主要的香菸品牌都因迷信延長線效應而拖垮公司，不知道還有哪些未被拖垮的大品牌可以爭奪龍頭老大的寶座？

玉米油品牌困惑

第一家玉米人造奶油的品牌是什麼？「佛里奇曼」（Fle is chmann's）是玉米人造奶油銷售量最大的品牌，可是第一家生產玉米人造奶油的卻是「萬歲」，該公司也是因為迷信延長線效應，因而把消費者搞得昏頭轉向。

萬歲原先是以生產液體玉米油起家，銷售量也是業界之

冠。在研發出玉米人造奶油之後，該公司也覺得將其冠上萬歲的品牌名是非常合乎邏輯的。也因此，除了萬歲玉米油之外，該公司又推出萬歲玉米人造奶油，接下來當然就是一切都已成為歷史。

在今天，佛里奇曼已位居龍頭老大的寶座。不過十分奇怪的是，佛里奇曼人造奶油也是一個迷信延長線效應下的品牌名稱，卻能在市場上勇冠三軍。它是借用佛里奇曼發酵粉的品名，但值得慶幸的是，很少人知道佛里奇曼這個品牌名，因為至今仍少有人在家中自行烘製麵包。

受延長線效應的影響，使得該公司陸續推出以佛里奇曼為名的琴酒、伏特加以及威士忌等酒類產品。由於酒類產品和人造奶油產品間的區隔度較大，消費者較不易搞昏頭。（誰會相信凱迪拉克狗食是通用汽車公司的關係企業呢？）

咖啡的故事

另外一個因錯失良機而造成失敗的例子是發生在冷凍乾燥咖啡業。當今最暢銷且最大品牌的咖啡是雀巢公司的「行家的選擇」（Taster's Choice）。不過，你知道最先出現在市場上的冷凍乾燥咖啡品牌為何嗎？是麥斯西姆（Maxim）。為何麥斯西姆不是最暢銷的品牌呢？這個情節曲折的故事很值得詳加細述。

通用（General）食品公司所生產的麥斯威爾咖啡在咖啡市場享有盛名。該公司銷售量獨步市場，而且獲益頗豐。接著該公司又研發一種名為「冷凍乾燥即溶咖啡」的新產品。

從表面來看，這似乎是通用食品公司增加其市場占有率的一大良機。真的是一大良機嗎？通用食品公司此次推出新產品當然有助於提升該公司的競爭力。由於將該新產品命名為麥斯西姆（和麥斯威爾極為相似，想搭上延長線效應），通用公司的處境頓時變得危險起來。（原先以為消費者會認為麥斯西姆和麥斯威爾極為相似，因而會加以購買，可是消費者卻完全不這麼認為。）麥斯西姆是一個毫無含義的字，也不會為公司帶來任何利潤。

雀巢咖啡則將新產品取名為「行家的選擇」來予以反擊。雀巢公司不僅新產品的品牌名取得好，廣告也很完美成功。「味道就像烘焙過的研磨咖啡一樣」，這是行家的選擇的廣告，有意將其冷凍乾燥咖啡和烘焙後再研磨的咖啡豆口味相提並論。

行家的選擇最後成為杯裝咖啡的大贏家。冷凍乾燥咖啡雖然是由通用食品公司率先研發而成，但行家的選擇的銷售量遠超過麥斯西姆，雙方的銷售比是二比一。

富貴手事件

另外一個有名的錯失良機之實例是發生在護手霜業所謂的富貴手事件。這個故事要從久津（Jergens）公司說起，該公司是獨步市場的最大品牌。

久津公司首先推出久津特別乾裂潤濕霜，這在當時還是乳液時代來說，實為一大創舉。可是此一具有創舉的新產品卻籠罩在延長線效應迷思的陰影下。消費者被兩種產品（乳液及潤

濕霜）卻擁有相同品牌（久津）搞得昏頭轉向。

可是競爭對手卻清醒得很。旁氏公司推出了「精心照料」（Intensive Care）。這是自潤濕霜推出以來第一次出現以新品牌名為產品命名，而精心照料這個品牌名也在消費者心中留下了深刻的印象。當然，產品銷售量與日劇增自是不在話下。

當久津公司在知道了是怎麼一回事之後，也不甘示弱地推出「直接助益」（Direct Aid）的新品牌名以便一爭長短。可是優勢早已被精心照料所奪走，久津公司因而成為太遲太少等諸多一再上演的老故事中的一名主角。

精心照料現已是銷售冠軍。其銷售量比久津乳液、久津特別乾裂潤濕霜和直接助益三種產品的總銷售量還要大。可是，難道名為「裴詩儂精心照料」的品牌名，不是裴詩儂此一品牌名延長線效應的結果嗎？

話雖然沒錯，可是消費者卻習慣性地稱其為精心照料而不稱其為裴詩儂。在消費者的心中裴詩儂是一種油膠，而精心照料則是一種護手霜。

延長線效應反其道

延長線效應通常會導致策略錯誤，若反其道而行則常常會有所奏效。和延長線效應反其道而行的方式叫做「擴大使用層」，其中最佳實例當屬嬌生嬰兒洗髮精。

在將嬰兒洗髮精的溫和藥效推介到成人洗髮精市場之後，嬌生現已成為成人洗髮精市場中的一大品牌。請注意擴大使用層策略的特徵。相同的產品、相同的包裝、相同的標籤；不同

的只有使用層面。假若嬌生公司也迷信延長線效應，並在市場推出嬌生成人洗髮精此一品牌的產品，那該產品幾乎是無法成功的。

另外一個運用擴大使用層策略而成功的實例是「藍尼姑」（Blue Num）。此一白酒經促銷後，將其原本和肉類佳餚一同上菜的形象，擴展到和魚類佳餚相伴亦佳的形象。

可是這些實例會不會到最後引發成人人皆可的陷阱？應當不至於如此。嬌生嬰兒洗髮精是最早，也是唯一將嬰兒洗髮精促銷到成人洗髮精市場的公司。同樣地，藍尼姑也是唯一將適合搭配肉類佳餚的形象，更擴大到也適合搭配魚類食品的白酒。

假若別的品牌想運用相同的方法，幾乎不可能和上述兩家公司一樣成功。「手和鎚」（Arm & Hammar）的碳氫鈉也被促銷擴大使用層面到冰箱及排水道，這當然非常成功。可是當該公司想將手和鎚延長效應到碳酸氫鈉除臭劑時，效果又是如何呢？幾乎一點效用都沒有。誠如菲力斯‧狄勒（Phyllis Diller）所言：「只有當你站在冰箱裡才能發生作用。」

第13章
奏效的延長線效應

但是延長線效應也有奏效的時候，奇異就是個成功的案例。本章討論何時應使用新的品牌名，何時應使用舊的品牌名。

　　延長線效應很受一般人喜愛，這是毫無疑問的。曾經有一段時期，紐約市地區的職業棒球、美式足球、籃球及網球隊都喜歡分別命名為 Mets（大都會）、Jets（噴射機）、Nets（網），以及 Sets（一組）。

　　該市不務正業所成立的彩券局也在廣告的海報上打出了 New York Bets（紐約賭注）的口號。假若該市有體操代表隊，很可能會被取名為 New York Sweats（紐約汗衫）。

　　其實，此一命名方式可以在各行業中加以運用。街頭幫派可被稱為 New York Ghetts（紐約貧民），都市計畫委員可被稱為 New York Debts（紐約債務）。

　　幸好理性當家，使得此股命名風潮導向其他方向。例如網球隊已將其隊名由 New York Sets 改成 New York Apple（紐約蘋果）。

短術語的優點

延長線效應之所以能持續大受歡迎，其中一個最主要的原因就是——從短術語的觀點來看，延長線效應確實具有某些優點。

比方說，紐約市將成立一個職業游泳隊。「Wets（溼透）出場了」，此類的標題極可能會出現在報紙的頭條版上。簡單的一個Wets字，可以有(1)職業運動隊伍，(2)位於紐約大都會區裡，(3)和水中運動有點關係等三種含義。

不過短術語的優點終究只有短期的效應，一旦新鮮感逐漸自消費者心中褪去，混沌的情勢就漸漸出現了。

真有一個名叫Wets（濕透）的游泳隊嗎？或是我將它和另一個名叫Nets棒球隊隊名相混淆了？或者是我心中想的是一個名叫Sets的網球隊隊名？現在，我們可以看到一些更混亂的情形：到底是Nets改名為Apples，或是Sets改名為Apples？

由於延長線效應的名字都和原名有關，因而能有馬上被了解的成效，例如健怡可口可樂。它當然也能在市場造成一股快速的購買旋風。當阿卡塞茲（Alka-Seltzer）正式推出如「阿卡塞茲二號」的新產品時，雖然並非每一位消費者都會購買，但每位零售商都會大量進貨。

初期的銷售數字看起來非常理想。（只要每家超商能賣出35元，在帳簿上就會有100萬美元的營收。）最初六個月，只要能源源不斷地供貨給零售商，銷售量看起來應該不錯。但是當追加訂貨單不再出現時，情勢突然間完全改變。

長術語的缺點

消費者在對延長效應的品牌名有了初步認識之後，心中就會開始混淆，並且會懷疑真的有這種品牌的產品嗎？

舒茲淡啤酒、波莫超淡菸以及久津（Jergens）特別乾燥潤濕霜等，這些品牌名都能很容易地進入（退出）消費者的腦海。對消費者來說，完全不用花腦筋。

來得快去得也快。延長線效應的品牌名由於沒有在消費者心中建立起其獨立的品格，因而很容易一下子就被遺忘了。它們只不過是原品牌產品的附屬品而已。它們唯一的貢獻就是使原品牌名的形象被混淆，這通常會造成非常嚴重的後果。

遠在三〇年代，羅森普那（Ralston Purina）公司就在收音機裡打出了「羅森一號、二號、三號」的廣告。一號是指「碎片羅森」，二號是指「一般羅森」，三號則是指「即溶羅森」。最後，一號、二號、三號，全都在市場消失得無影無蹤。

廣告界的傳奇人物奧格威也因為製作了意圖將「林梭白」（Rinso White）和「林梭藍」（Rinso Blue）兩種產品拉上關係的廣告，幾乎毀了一世的英名。

莎拉李意圖進軍冷凍食品業，因而推出了像「莎拉李雞肉和烤通心粉」及「莎拉李清燉胡椒牛肉」等新產品。

莎拉李一向在甜點市場頗富盛名，她的甜點深受大眾喜愛，但有許多人對雞肉和烤通心粉頗為反感，因而不會買回家，尤其是標籤上貼有「莎拉李」的品牌，更使消費者打消念頭。在冷凍食品業賠了800萬美元之後，莎拉李的冷凍食品調理廚房終於停止營業了。

幾乎每一個人都會動了延長線效應的念頭。《周末評論雜誌》（*Saturday Review Magazine*）曾試圖出版四種不同品味的雜誌——藝術、科學、教育及社會，最後卻在賠了1700萬之後收場。

「李維」（Levi）一向執牛仔服裝業之牛耳，但令人難以置信地，李維竟然打出了「李維製鞋」的廣告來，意圖以李維品牌名進軍鞋業市場，可是李維牌鞋類並未一步登天，反而是寸步難行。

以下這些公司也是被延長線效應迷惑而推出新產品：艾維斯花藝、增你智手表、老祖父菸草、比克（Bic）絲襪及可麗舒尿布，連皮爾卡登也加入酒類市場，推出皮爾卡登酒，紅酒和白酒都有，還有香奈兒的男性香水。

「二」似乎是最受人喜愛的延長線效應概念。例如阿卡二號（Alka-2）、戴爾第二代（Dial 2）、索明尼克斯二號（Sominex 2）、大白鯊第二集等。（該電影創下了一個罕見的紀錄：第二集的票房竟然勝過第一集。）甚至廣告界也對「二」愛不釋手，例如歐吉里梅哲第二（Ogilry & Mather 2）、都樂丹柏恩巴克第二（Doyle Dane Bernbach 2）、艾爾第二（N. W. Ayer 2）及葛雷第二（Grey 2）等。

可是，其中最令人震驚的莫過於寶鹼公司了。數十年來一直抗拒延長線效應風潮的寶鹼，竟然也花費了5000萬美元來推出液體汰漬產品。該公司的發言人說：「本公司期望液體汰漬能成為液體洗衣劑最大的銷售品牌。」

可是，汰漬洗衣精是不可能將液體洗衣劑業的龍頭老大——維士克（Wisk），從寶座的地位拉下來。反倒是，此一新

產品的出現，必定會削減該公司原本生產的汰漬洗衣粉既有的市場地位。

購物單測驗

對延長線效應所做的最典型測驗就是購物單測驗。只消將你所要買的品牌寫在一張紙上，再請另一半去超級市場購買：例如單上列的名字有可麗舒、拜耳及戴爾。

這當然很簡單。大多數的妻子或丈夫買回來的會是可麗舒衛生紙、拜耳阿斯匹靈及戴爾香皂。像可麗舒毛巾、拜耳非阿斯匹靈及戴爾止汗劑等延長線效應下的產物，是無法取代原品牌產品在消費者心目中的地位。可是若時間一久，很可能會對原品牌產品的形象產生混淆作用。

可是若購物單內容如下呢？── 漢茲、舒潔及卡夫（Kraft）？你的另一半會帶漢茲醃菜或番茄醬（或是嬰兒食品）？舒潔衛生紙或毛巾？卡夫起司、美乃滋，或是沙拉醬呢？

當一個品牌名稱可以代表許多種產品時，消費者內心會開始混淆，而原本具有強大魅力的品牌名，例如舒潔和卡夫，其魅力則會日漸減小。

就像過度擴張的明星一樣，品牌最後會像個筋疲力盡的人軟弱且無力氣，只是一個巨大無用的累贅而已。**延長線效應之所以破壞力如此大，主要是因為此一疾病會引起多年的代價，緩慢且極具殺傷力而又揮之不散的陰影。**

舉卡夫為例好了。此一品牌名就深受延長線效應之苦。卡夫是個什麼樣的產品？它可說是包括了各樣產品，也可說什麼

產品都不是。卡夫幾乎沒有一項是冠軍品牌。以美乃滋銷售量來說，次於哈蒙（Hellmann）；以沙拉醬來說，其銷售量則又是輸給威斯朋（Wishbone）而落居第二。

卡夫公司在某一類產品勇奪銷售冠軍，但其品牌名卻非卡夫。

就乳狀起司來說，銷售量冠軍是費城（philadelphia）而非卡夫。

就冰淇淋來說，銷售冠軍是西爾特斯特（Sealtest）而非卡夫。

就人造奶油來說，銷售冠軍是派凱（Parkay）而非卡夫。

卡夫此一品牌名的魅力到底在哪裡？太過於分散了。卡夫的產品無所不包，但也正意味著什麼都包不住。延長線效應是一大缺點而非優點。

在起司界如何？卡夫在起司界確實仍是強勢品牌。「美國人在指名要起司時都會說 K-R-A-F-T」，這是該公司的廣告詞，策略運用得簡直糟透了。

行銷就好像賽馬一樣，獲勝的馬並不一定就是最優良的馬。之所以獲勝，全憑競賽中馬匹的表現。在資格賽中，一群糟透了的競賽者中最不糟的就是勝利者。在有賭金的競賽中，最好的就是最好的。

卡夫在起司界一直擁有不錯的佳績。現在，請說出你所知道的所有起司的名字。在此種資格賽中，卡夫無疑是個勝利者。當市場裡沒有其他品牌，或是其他品牌不成氣候時，可以運用延長線效應，但是一旦強大競爭者到來時，就會面臨困境了。

酒保的測驗

除了購物單測驗之外，還有酒保的測驗。當你直接以品牌名來點酒時，酒保會送什麼來呢？

點「J&B加冰塊」，酒保會拿蘇格蘭威士忌。點「御林軍馬丁尼」（Beefeater martini），酒保會拿琴酒。若是點一瓶「唐派瑞格儂」（Dom Perignon），酒保一定會送來香檳酒。

假若是點「卡迪加冰塊呢？」酒保當然會送來威士忌，但你能確定送來的是卡迪沙克（Cutty Sark），或是價格更貴且有十二年保存期的卡迪十二（Cutty 12）？

卡迪十二是一個典型扭曲思考的例子。將一個有名氣的品牌（卡迪），和一個敘述性的形容詞（十二）相互結合。從釀酒業來說，這是相當合乎邏輯的，但消費者的觀點又是什麼呢？

當你點起百士（Chivas）加冰塊時，想讓大家知道你是要最好的──皇家起百士（Chivas Regal）。若想點卡迪十二，不能只說卡迪，當你將十二加上去時，不確定酒保是否聽見，或是周圍的人也要聽到十二這個數字。

卡迪十二的大量促銷對原品牌卡迪沙克一點助益也沒有，反而時時提醒卡迪沙克的消費者，他們正在喝品質低劣的產品。

卡迪十二比起百士晚加入市場的競爭行列，因此對它的期望也不用太高。但在美國市場也有一種保存期為十二年才出售的酒，其進入市場的時間要比起百士早了很多年。那就是黑標的約翰走路（Johnnie Walker）。

如今皇家起百士的銷售量比約翰走路高出許多。

「酒保先生，請給我來杯加點蘇打水的約翰走路。」

「先生，請問是黑標還是紅標？」

「嗯……這個嘛……管他的，來杯起百士好了。」

卡迪十二和約翰走路正是濫用延長線效應來提高產品價位卻失敗的最佳實例。

它們最後都以高價位但銷售日益萎縮的情況聞名於市場。（試想，又有誰會笨到以高價位的金錢來購買低價位品牌的產品呢？）

「派克達」是什麼？

至於拉低品牌價位的情況和提高品牌價位的情形正好相反。被拉低價位的產品通常都能馬上獲致成功，但宿醉則將接踵而至。

在第二次世界大戰前，派克達（Packard）是美國達官貴人所乘汽車的製造商，規模甚至比凱迪拉克還大，而其所生產的汽車更以尊貴的形象聞名世界。

各國政要皆向派克達購買其生產的改裝防彈汽車，其中有一輛是供小羅斯福總統乘用。和勞斯萊斯一樣，派克達公司也拒絕像其他汽車廠牌一樣，每年都更改汽車造型。這兩家公司都將汽車定位在高價產品的市場。

可是在三〇年代中期，派克達公司卻推出了第一款低價汽車，價格相當便宜的派克達尤物（Packard Clipper）。派克達尤物成為派克達公司有史以來最成功的車型，銷售量高得驚人，

卻也對該公司產生了殺雞取卵式的惡果。（更正確地說，它扼殺了派克達原有高級車製造商的形象，這也無異是扼殺了整個公司。）

就這樣派克達浮浮沉沉了幾年，直到一九五四年史都貝克（Studebaker）合併了該公司。數年後，派克達的車子已在路上完全絕跡了。

「凱迪拉克」是什麼？

你對凱迪拉克的了解有多久？它的歷史有多久？大多是以哪些顏色上市？引擎的馬力如何？有幾種車款？

對於一般的汽車消費者來說，通用公司成功地讓消費者對凱迪拉克所知不多。最為人所知的只是：它是高價位的國產車。

甚至像通用如此的大型汽車製造商有時都會忘記，對每一種產品都可以構成兩種觀點。許多公司之所以犯下延長線效應的錯誤，主要就在於行銷人員並不知道，一種產品可以產生兩種觀點、一體兩面的這個事實。

凱迪拉克是什麼產品？或許你會覺得驚訝，**但從通用公司的觀點來看，凱迪拉克根本就不是汽車，它是公司的一個部門而已。事實上，它是通用公司最賺錢的部門。**但從消費者的觀點來看，凱迪拉克是一種大型的豪華汽車。或許你已了解到癥結所在了。

由於石油供應情形有所改變，使得凱迪拉克憂心不已。為了保持獲利度，通用公司因而推出了名為西馬龍（Cimarron）

的小型凱迪拉克。可是，由於小型凱迪拉克的出現，使得消費者心中對於凱迪拉克究竟是大車還是小車感到疑惑不已。

於是消費者看了看西馬龍，然後問：「它到底是不是凱迪拉克？」

從長期觀點來看，西馬龍根本無法和小型高級車如賓士及BMW相抗衡。若想為西馬龍建立起小型高級車的形象，通用公司不僅應撇清其和凱迪拉克之間的關係，更應為此小型高級車找出一個高貴的名字，以及由不同的經銷商體系來銷售。

雪佛蘭是什麼？

不論是就汽車或其他產品來說，你可以自行提出古老的問題，就會知道自己是否遭遇到定位的難題。

是什麼問題呢？

例如，雪佛蘭是什麼產品？它是一種會讓每一個人落入陷阱的汽車。該產品原本是想吸引每一個人，最後卻吸引不到任何人。

雪佛蘭是什麼樣的產品？它是一種大型、小型、便宜、昂貴的汽車。

既然如此，為何雪佛蘭仍是銷售冠軍呢？為何沒有將龍頭老大的寶座拱手讓給福特呢？

答案是：「福特是什麼產品？」它也面臨同樣的難題，因為福特也是一種大型、小型、便宜、昂貴的汽車。可是福特還面臨了另一個難題，福特不僅是汽車品牌名，同時也是公司名。

福特公司生產的福特汽車或許還說得過去，可是當該公司要銷售「福特小星」及「福特林肯」時，麻煩可就大了。（這也就是每當福特要銷售高價位的汽車時，總會遭遇許多困難的原因）。

「福斯」是什麼？

延長線效應所產生的悲劇通常可分成三幕。

第一幕是很大的成功以及很大的突破。通常是因為找出了孔洞，並很有智慧地將其填滿。

福斯公司創造了小型車市場，又能很快地運用此一創新和突破。「想想小的好處」，這或許是有史以來最成功的廣告詞，它很清楚地陳述該產品的定位。

很快地，福斯公司的金龜車（Beetle）在汽車市場裡建立起超強的地位。就像很多典型的成功故事一樣，福斯不僅只是具有品牌名的含義而已。

「我開福斯汽車」，此句話不只說明了汽車是由哪家公司製造的，還說明了汽車主人的生活方式。明理、務實，且對自己的生活地位充滿信心。「它」則是一種雖然外型簡單但卻具備多種功能的交通工具。福斯汽車的車主是個平易近人的人，要殺殺隔壁鄰居喜好炫耀的銳氣。「一九七〇年出廠的福斯金龜車，雖然外觀不吸引人卻很耐用」，這句話正足以說明此一心態。

到第二幕時則因為被利慾和成功所蒙蔽，以致於擴大了其產品範圍。也正因為如此，福斯公司又更進一步將其業務範圍

擴展至生產較大型且昂貴的汽車上──這回的目標鎖定在巴士和吉普車。

第二幕則是宣布失敗。有可能八種車型的總銷售額還比不上單一車型的銷售額嗎？這不僅很有可能，還真的就發生了。

福斯汽車由進口車的銷售冠軍地位一下子就跌落到第四位，落後在豐田、日產及本田之後，而且也只些微領先馬自達和速霸陸（Subaru）。

由早期的成功，到對延長線效應產生的迷思，再到因失敗而對迷思的幻滅，這種過程是相當普遍的。畢竟，一般人也不希望像舒潔及福斯等公司，只滿足於龍頭老大的地位而故步自封，總是「希望它們在新的領域也能有所突破及進展」。可是要如何去找出可供發展的新領域呢？方法則是顯而易見。**應先發展出一套新觀念或新產品，以便取得新定位的機會，並且不沿用舊品牌名，而是要自行獨創新的品牌名。**

品牌名好比一條橡皮筋

這條橡皮筋有彈性可以拉長，但也有一定的限度。況且，拉長的次數愈多，彈性就會愈疲乏（這和原先的期望完全相反）。

那品牌名要拉到怎樣的長度才適合呢？這完全要視經濟上的需要及敏銳的判斷而定。

比方說，你有一條生產線，專門生產蔬菜罐頭。你會為豌豆罐頭取一個品牌名，再為玉米罐頭取一個品牌品，又為莢豆罐頭另取一個品牌名嗎？應該不會。因為從經濟的觀點來看，

這樣不合常理。

所以戴爾蒙特（Del Monte）公司以相同的品牌名冠在其生產的水果罐頭和蔬菜罐頭食品上，這應當是個正確的作法。但必須注意的是，當競爭對手對某一特定產品瞄準砲火全力攻擊時，情況可就不同了。例如都樂（Dole）公司就專門生產鳳梨罐頭。

戴爾蒙特在鳳梨罐頭市場和都樂沒得比，都樂每次都獲勝。在鳳梨罐頭方面獲勝後、都樂下一步策略是什麼呢？是將都樂此一品牌名冠在新鮮香蕉上，因而成了都樂香蕉。

假設都樂香蕉在市場上獲致成功，那對其原有鳳梨罐頭的市場地位有否影響？這時就像蹺蹺板原理一樣，香蕉在一端，鳳梨則在另一端。

可是，難道都樂沒辦法像戴爾蒙特一樣嗎？難道沒辦法也成為罐頭及新鮮食品蔬果的供應商嗎？

當然可以，但代價是要犧牲其寶貴的鳳梨罐頭市場銷售量，而且還要面對延長線效應所帶來的劣勢。

一些規則

我們將延長線效應稱為陷阱，而不稱為錯誤。延長線效應可以奏效，假如……。

這可是個有許多前題的假如。假如你的競爭對手是傻子；假如你的產量很小；假如沒有其他競爭對手；假如你不想讓產品在消費者心中留下深刻印象；假如你不想做任何廣告。

但真相是：展售的產品很多，但真正在消費者心中留下深

刻印象的則很少。換句話說，消費者絕對不是看到任何品牌就上前購買，而是對品牌有所選擇及偏好的。如此一來，有名氣的品牌名當然要比默默無名的品牌名更占優勢。

　　假如你的公司是生產數千種產量不多的產品（例如3M公司即是一典型的例子），顯然不可能為每一種產品都冠上不同的品牌名。

　　我們因而提供一些規則，作為你在決定該用原品牌名或另創新品牌名時的參考：

　　(1)**預期的產量**：若想大量生產，就不應使用原品牌名；若產量不多，則使用原品牌名即可。

　　(2)**競爭情形**：若無其他競爭對手，就不應使用創新的品牌名；而若是競爭對手眾多，則應使用原品牌名。

　　(3)**廣告量大小**：若有大筆預算可做廣告，就應使用創新的品牌名；若預算不多，則使用原品牌名即可。

　　(4)**重要性**：若是具有突破性的產品，則不應使用原品牌名；若是一般日用產品，使用原品牌名無妨。

　　(5)**經銷方式**：暢銷商品應使用創新的品牌名；由銷售員銷售的商品則應使用原品牌名。

第14章
為公司定位——以全錄為例

全錄在影印機業界擁有龍頭老大的地位，可是當全錄想進軍辦公室自動化設備的市場時，應如何定位？

　　你可以為任何東西定位——一個人、一樣產品、一位政治人物，甚至是一家公司。

　　為何會有人想替公司定位呢？誰會去購買公司？會有公司想將自己賣掉嗎？賣給誰？（為了使公司免於被不良企圖者攻占，大多數的公司到最後都會考慮轉售他人。）

公司的買和賣

　　事實上，有很多公司常被買來賣去，只是買賣的名稱不同罷了。

　　當一名新員工同意在該公司工作，他就是「買下了」這家公司。（當公司在招募新進員工時，事實上該公司就是在出賣公司本身。）

　　你會比較喜歡到哪家公司工作？奇異公司？或是史清德地（Schenectady）電子公司？每年全美國的公司都會極力爭取名校的優秀畢業生到公司工作。你認為誰會爭取到最優秀的呢？

當然是在他們心中擁有良好印象的公司，例如奇異及寶鹼。

當投資者在購買公司股票時，也是以該公司在其心中的定位為依據。至於投資者願意購買多少股票，則完全視該公司在消費者心中印象的強弱來決定。

假若你是公司的主管或決策者，有效地替公司定好位置將會為公司帶來許多好處。當然這並不是件簡單的工作。

再度面臨品牌名的問題

首先，是品牌名稱。品牌名稱特別重要。或許你不相信，普爾曼（Pullman）公司在鐵路運輸汽車業的業務已大幅萎縮，而客運的收入只占灰狗巴士公司營業額的極小部分。

普爾曼和灰狗都經歷了大幅度的變革。可是一般大眾對其印象仍停留在過去，絲毫沒有改變。它們的品牌名反而使得它們陷於過去的名聲中。

不過，它們也努力地想改變在消費者心中的形象，尤其是灰狗公司，至今已花費數百萬美元的廣告費來告知大眾，「『灰狗』不僅是一家巴士公司而已。」

但是只要灰狗客運車身上那隻巨大的灰狗圖案仍隨著灰狗客運汽車穿梭於各州際公路間，該公司縱使花費再龐大的廣告費，消費者還是會認為灰狗只是一家客運公司。假若灰狗公司想在客運業之外的領域有所斬獲，一定得另創品牌，取一個「不只是客運公司」的名字。

不過，即使是取了個好名字，也不意味已做好定位工作

了，新品牌名還要和該產業有所關聯才行。

代表某種含義

以福特為例。每個人都知道福特是一家汽車公司。但什麼樣的車子才叫做福特呢？

福特無法在某一特定的車款定好位置，因為不論車型大小和形式它都生產，甚至大卡車（應不應該生產大卡車則又是另一話題）。

該公司的董事會不但不以生產過多車型車種為意，反而認為打出高品質的形象牌能對定位有所幫助。

結果福特公司推出「福特點子較佳」的廣告活動，這個活動雖然不錯，但許多公司也都採用傳統的手法，其中又以「人」為號召的手法最為傳統。

「員工是我們最大的資源。」

「海灣（Gulf）石油公司的員工：不怕挑戰。」

「葛魯門（Grunman）公司：我們以我們生產的眾多產品為榮，更以生產該產品的員工為榮。」

這家公司和那家公司人員間的素質會有很大的差別嗎？當然有。可是，拿擁有較優秀的員工來定位又是另外一回事。

大多數的人早就認為較大且較成功的公司，擁有較佳素質的員工；規模較小且較不成功的公司，員工的素質可能較差。因此，假若你的產品位居消費者產品階梯的高階上，那消費者一定也會認為你公司的員工素質是很優秀的。

假若產品在消費者心中的產品階梯上是位於低階的，而你

又告訴消費者你的員工素質較佳……，這種不一致性通常不會為公司帶來任何好處。

假若福特公司真的擁有較佳的點子，為何不將其用在市場上，來取代通用的地位，反而只會猛打廣告來讓消費者知道該公司「擁有較佳的點子」呢？

問題並不在於這是否是事實（福特公司有可能點子較佳，因為其銷售量雖然較差，也是位居第二位），問題在於消費者心中仍會產生疑問。

如果你想讓廣告奏效，就必須消除消費者心中的疑問。

多元化並非答案

繼人員之後，大多數公司會運用的定位策略是多元化。許多公司都想以生產多樣化、高品質的產品而聞名於消費市場。

可是多元化若被公司用來當作廣告宣傳，是無法產生任何效益的。事實上定位的概念和多元化的概念正好南轅北轍。

在真實的人生中本來就是如此。**能在消費者心中留下深刻印象的，是因該產品在品質等方面深獲認同，而不是因為借用某一具有名氣的品牌，就能奪得消費者的心。**

眾所皆知，奇異是全世界最大的電子用品製造公司。該公司多元化地以奇異此一品牌名在工業、運輸業、化學業，以及工具業等產業意圖有所發展，但其名聲和成就絕對不可能超過奇異的電子產品。

雖然奇異也製造數以千計種類的工業和消費性產品，但大多數成功的產品仍以電子產品居多。例如電腦就是一個慘痛的

例子。

　　大家都知道通用是全世界最大的汽車製造商。該公司是以汽車製造業聞名，雖然也在工業、運輸業及工具業企圖有所發展，卻似乎沒有響亮的名氣。

　　IBM以全世界最大的電腦製造商聞名，並非以各種辦公室用機器聞名。

　　公司多元化生產後或許可為公司賺取更多的財富。然而，若想以多元化的觀念在市場取得定位，就得三思而後行了。

　　就連股票市場長久以來都對ITT及西海灣（Gulf & Western）等大財團的評價不高（很多公司合併前評價較高，合併後反而評價較低）。

　　許多公司都認為自己已在溝通上下了很大的工夫，但卻一點都沒溝通到。定位的概念擴充太廣，以致於變得幾乎毫無意義可言。

　　哪一家公司過去常自稱是「工作、教育，以及娛樂等資訊系統的開發者及供應者」？你會相信是貝爾－哈威爾（Bell & Howell）公司嗎？沒錯，正是貝爾－哈威爾公司。

　　如何為公司發展出一個有效的定位方法呢？全錄公司似乎已在市場占有相當穩固的席位，讓我們來看看它是怎麼做的。

全錄公司心裡在想什麼？

　　全錄為何要搶地位？全錄本來就有其定位。全錄可說是影印機業的可口可樂。

　　能否很快地說出另一家影印機製造廠商的名稱？一時間可

能想不出來，細思後會舉出夏普（Sharp）、沙文（Savin）、理光（Ricoh）、皇家（Royal），以及佳能（Canon）等廠牌名稱來，甚至也會將IBM及柯達一併指出來。

可是，全錄在影印機業的地位真是無人能比。這對該公司的銷售員來說是一大優勢。假若你的公司缺影印機，最先想到的一定是全錄，而最先打電話聯絡的，也極可能是全錄公司。

那麼，問題出在哪裡呢？全錄看到辦公室用品逐漸邁入系統化，尤其是以電腦為主的資訊系統，於是將科學資料系統公司買下來，並將其名稱更改為全錄資料系統。

該公司董事長說：「本公司收購科學資料系統公司，最主要的目的即在提供更為廣大的資料系統。本公司認為若想真的抓住全世界對資料系統需求的良機，就必須從影印業擴大範圍，如同IBM從電腦業擴大其範圍到影印業一樣。希望本公司人員在不久的將來能對顧客說：『本公司能滿足您在資料系統上的各種需求，不論是傳真、影印，或是其他方面』。如此一來，本公司必然會占盡極大的優勢。」

六年之後，全錄資料系統關門。可是在全錄資料系統方面的挫敗並沒有阻止該公司將營業範圍擴展至其他產業上。

幾年之後，全錄又在市場上推出許多辦公室自動化產品。例如XTEN網路、伊士那特（Ethernet）網路、史塔工作站（Star Workstation），以及八二〇個人電腦等。「現在工業界終於知道本公司的祕密了──我們想成為市場的銷售冠軍。」全錄公司的總裁說。

消費者的心裡在想什麼？

假若全錄公司稍加審視消費者的心理，很快地就會發現，進軍辦公室資訊系統這一行業是極不可能成功的。

《資訊週刊》（*Information Week*）最近對其訂閱者做了一項抽樣調查。（該公司擁有十萬個訂戶，其中有百分之八十的訂戶是擁有一千名以上員工的企業，這些正是辦公室自動化的最佳市場。）

「您最感興趣的辦公室資訊系統製造商是哪一家？」

以下是被詢問者的答案：

IBM 81%
王安 40%
迪吉多（Digital Equipment）...36%
AT&T 22%
惠普 21%

全錄根本就沒有列入的機會。

全錄應該怎麼做呢？我們對其提出的建議是：不要再生產別的產品來削減該公司原來在影印機業的既有優勢。消費者的心是無法改變的。

專心於影印機製造業吧！這是全錄最大的資產，可用來和IBM以及AT&T進行策略戰的最佳資產。

「第三隻腳」的策略

全錄應善加利用其既有的資產。就如同許多策略一樣，先退一步，然後再思考整個市場的情勢，謀而後定才是上策。

讓我們先來看看過去辦公室的情形。以前比較單純，公司準備開張前，只消先向 AT&T 買一台電話，向 IBM 買一台打字機，再向全錄買一台影印機即可（即所謂的「三腳」）。

現在一切的改變都在打字機那隻腳。打字機已被電腦所取代。電話和影印機這兩隻腳則絲毫沒有改變。

那未來的辦公室又會是怎樣的情形呢？未來的辦公室將只有一隻腳──由單一公司所提供的辦公室自動化系統，而 IBM 當然會是每一個人的選擇。

結果每一家電腦生產廠商都相信單一銷售公司的理論。

可是新的系統並非都能銷售順暢。例如高傳真音效系統並沒有被單一銷售公司所取代；因為消費者有時也會拿起收音機或錄音機來聽。

同樣地，有很多人認為，家庭裡的廚房以及娛樂間也會被奇異公司的產品所取代。因為家庭主婦會選擇她最喜歡的品牌。

即使未來辦公室裡變成由一家製造商所提供的單一大型系統的局面，全錄也不可能成為最大的製造商。

正因為如此，全錄實在用不著進軍不同領域的產業。

未來的辦公室會對第三隻腳有不同的看法。也就是未來的辦公室仍會有三隻腳。由 AT&T 的電話所組成的腳將成為具有聲音傳送及傳真設備的「溝通之腳」。

至於由IBM打字機所構成的腳，將成為具有電腦等由網路輸入或處理資料的腳。

問題在於，由全錄影印機所構成的那隻腳將會增加哪些配備呢？

「腳際活動」的困難

許多證據顯示，未來將三隻腳合併成一隻腳是不可能的。從歷史可以知道，「腳際」活動是相當困難的。

舉全錄和IBM兩大公司為例好了。(1)全錄雖然也進軍電腦、工作站，以及區域網路等業，但都不是非常成功，因為這些早就是IBM的天下，使得IBM的勢力足以構成辦公室的一隻腳。(2)反過來說，IBM生產的影印機在市場上似乎沒有造成多大的回響，因為影印機早就是全錄的天下，全錄影印機也因而成為辦公室的另外一隻腳。

再舉全錄和AT&T為例。(1)沒有任何廠商，包括全錄在內，能在傳真機方面獲得重大的成就，因為傳真機這一隻腳早就是AT&T的天下。(2)一旦AT&T有了些微故障，聲音傳訊以及傳真系統還很可能會因此停擺。

再以AT&T和IBM為例。(1)AT&T絕對無法在電腦業獲得重大成就，因電腦業早已是IBM的天下，因此也形成了辦公室的另一隻腳。(2)反過來說，IBM在電話傳訊業是無法獲得重大成就的，因為電話傳訊業一直是AT&T的天下，AT&T也因而成為辦公室的另一隻腳（商用衛星系統每年損失一億美元）。

「第三隻腳」的機會

假如AT&T電話腳已演化成溝通腳；IBM打字機腳已演化成為資料輸入及處理的腳，那全錄的影印機腳又將演化成什麼樣的腳呢？

答案顯然就是——輸出的腳。在許多辦公室都增加了電腦印表機、掃瞄機，以及資料貯存裝置後，全錄可說是有了許多第三隻腳的好機會。

況且，一種熱門且嶄新的科技即將出現在辦公室的輸出系統，那就是雷射科技：雷射印表機、雷射排字機，以及雷射記憶系統等。

更何況，雷射在其他很多地方也都漸漸闖出名氣來。在通訊方面，雷射已有開始取代衛星的趨勢；在醫院方面，雷射在心臟手術也引起了很大的革新；在超級市場方面，也使用雷射掃瞄付帳櫃台。

麥道（McDonnell/Douglas）公司認為雷射能在一秒的時間內傳送一套（二十四本）百科全書的內容；聯合電話傳訊（United Telecom）公司正試圖建立一個遍及全國的雷射網路；AT&T也試圖裝設一條橫跨大西洋的雷射線路；至於GTE則正設法從月球將雷射光傳回地球。

一場精采的搖滾樂晚會是不可能沒有雷射光的出現的，甚至在雷根的「星戰」人造衛星裡，也都配備核子動力的雷射武器。

第四種科技

在過去三十年中，有三種科技已被運用在辦公室裡和字典上。首先是3M公司研發的熱力印刷術，這是一種使用紅外線在一種特製的紙張上印製資料的影印過程。

第二種是由全錄公司開發出來的錄字術，這是一種藉著光的作用在一般紙上印製資料的拷貝過程。

第三種則是由像IBM這類大型電腦公司一向占盡優勢的微處理機。

其實，全錄公司還有很好的機會，可以在未來出版的韋氏大字典裡再增添一新的科技字詞。

第四種是即將被稱為「雷射印製術」的新科技。它是藉由雷射光和光纖的使用來形成傳訊、印製、掃瞄，以及儲存光學或印刷訊息等諸多功能的過程。

一個字就可以代表很多東西

全錄是一家擁有90億美元資產和僱用超過十萬名員工的大型公司。若想用一個字就將像全錄如此巨大且營業項目多樣化的公司加以定位，應該是不可能的。

但在一個溝通過度的社會裡，消費者心裡的容量是很有限的。在今天，全錄就只代表三個字——影印機。當然，在未來，全錄使用雷射印製術後，可望在消費者的心裡產生較廣的定位。

雷射印製術說起來很新很奇特，而商業界就是喜歡新奇的

東西。

雷射印製術聽起來好像也是一種和錄字術有某種關聯的新科技。

全錄所開發出來雷射印製術，使得該公司位居印製業龍頭老大的地位還真不是浪得虛名。

雷射印製術使用雷射，雷射又被認為是一種尖端科技。

雷射印製術這個概念更加使得全錄的定位占盡優勢，也使得全錄的產品仍能在下一個世代中被廣泛使用。

在玩定位遊戲時絕對不能靜靜地坐著不動，而是必須時常保持警戒狀態，以便對當今的問題和市場的情況能有所了解。

第15章
為國家定位——以比利時為例

塞伯納比利時世界航空公司所遭遇的難題，解決之道在於替比利時這個國家找出定位，而非替這家航空公司找出定位。

航空費用低廉時代來臨之後，使得世界快速變成旅遊者的世界。

在過去，到國外旅遊一向是年長且經濟富裕的人的專利品。可是在今天，一切都已經改變了。過去空服員是年輕的，而旅客是年老的；但在今天，空服員是年紀大的，遊客則是年紀輕的。

「塞伯納」的處境

在眾多招徠國際旅客的北大西洋地區的航空公司中，有一家名叫「塞伯納比利時世界航空（Sabena Belgian World Airline）」。可是這麼多相互競爭的航空公司，並非每一家都是站在平等地位的基礎上來競爭。例如泛美和環球兩家航空公司曾有一陣子，其在美國和歐洲的飛航停靠城市名單排列起來是長長的一串。

但是塞伯納從北美洲直飛歐洲，在歐洲只有一個停靠城市

——布魯塞爾。除非有人劫機，否則塞伯納的每一航班勢必都得在比利時著陸。

雖然在飛往比利時的航線上，塞伯納是居於龍頭老大的地位，可是這個市場的規模實在太小了。搭飛機到比利時這個國家的旅客實在不多。據統計，飛往北大西洋的乘客中，平均每五十名才有一名是要到比利時。

在旅遊消費者心中的「旅遊國階梯」上，比利時處於較低的層級，甚至很可能根本就不在旅遊國階梯上。

只要對此情況稍加了解，就不難發現問題是出在於塞伯納的廣告上。塞伯納使用的傳統航空策略：銷售食物和服務。

「是不是只有喜好錦衣玉食者才能搭乘塞伯納呢？」這是該航空公司的廣告詞。可是，即使是提供了全世界最佳的菜餚，若降落地點無法滿足旅客需求，仍是吸引不了顧客的。

把定位鎖在國家而非航空公司

塞伯納最有效的策略很顯然的就是不定位在航空公司而應定位在國家。換句話說，就像荷蘭航空把定位鎖在阿姆斯特丹一樣。

塞伯納必須把比利時塑造成一個「讓旅遊者都想花點時間去看一看」的形象，而不是一個僅供過路的城市或國家而已。

此外，還有一項非常重要的事項。不論銷售的東西是可樂、公司，或是國家，千萬記住：不打動消費者的心就沒有生意可言。

絕大多數的美國人對比利時所知有限。他們都認為滑鐵盧

是在巴黎的郊區，而比利時最重要的產品則是雞蛋餅，很多人根本不知道比利時位於哪裡。

「假如今天是星期二，那這一定是比利時」！這是一部賣座極佳的電影片名。

可是，如何來為一個國家定位呢？假若你稍微腦筋一轉，就會發現大多數成功的國家都是給人極強烈的形象。

一講到英國，人們馬上會想到歷史遺跡展覽、國會議堂的大鐘以及倫敦鐵塔。

一談到義大利，人們會馬上想到大競技場、聖彼得大教堂，以及許多的藝術作品。

一談到阿姆斯特丹，就會使人聯想到鬱金香、雷姆卜蘭特（荷蘭知名畫家），以及許多如詩如畫的運河。

一講到法國，馬上會使人想到美食，艾菲爾鐵塔，以及里維耶拉（自法國尼斯到義大利司博吉亞之間的地中海沿岸，以風光明媚，氣候溫暖聞名）。

當你看到這些城市名及國家名時，心中會浮現出其景物的風景明信片。在你的心中，紐約可能到處都是高樓大廈；在舊金山，則可以看到電纜車以及金門大橋；若是在克利夫蘭則可以看到灰暗的天空，以及許多工業用大煙囪。

顯而易見地，倫敦、巴黎，以及羅馬都是第一次到歐洲旅遊者心中最想去的地方。塞伯納幾乎沒有吸引這些遊客的機會。

可是也有許多美國遊客會繼續往其他的目的地旅遊。例如到希臘看古代遺跡，到瑞士欣賞山光景色等。

只要目標確定了，找出定位並不是很困難的事。

美麗的比利時

比利時是個美麗的國家，境內有許多事物都很能吸引歐遊的人。例如有趣的城市、歷史性的宮殿、博物館，以及藝廊等。

奇怪的是，許多比利時人對於將其國家變成旅遊勝地並不寄予厚望。此種心態或許可從過去布魯塞爾機場的標語看出端倪。其中就有這樣的一句話：「歡迎蒞臨比利時。氣候：溫和，不過每年平均降雨二百二十天。」

最後，比利時最受歡迎的旅遊策略是：將比利時位於西歐中央的地理位置促銷成為一個轉運站，使旅客便於轉往他處旅遊，像是倫敦、巴黎，以及羅馬。（如果你想到紐約一遊，就飛到賓州再下機，因為兩地距離很近。）

在這裡有個很重要的課題。居住在某一地區的人和前往該地區旅遊的人，對那一地區的觀感是截然不同的。

很多紐約人都不認為紐約可以成為一個觀光旅遊的據點。他們都還依稀記得垃圾抗爭，卻忘了紐約有個自由女神像。可是紐約每年還是吸引了一千六百萬想看高樓大廈的外地遊客。

三星級城市

不過，雖然美麗是一個定位的好策略，但若將其當作促銷旅遊的重點則略顯不足。若想將一個國家定位成旅遊的目的地，就必須具有足以吸引人的事物來使遊客樂意在該國停留幾天。

很少人會把摩納哥當成目的地，因為該國最富盛名的旅遊據點——蒙特卡羅，只要一個晚上就可逛完。

很顯然地，大小是一個重要的因素。大的國家有較多的旅遊據點，小的國家相形之下就處於劣勢。（假若大峽谷橫跨比利時的話，就真的是無法留下太多的土地空間供遊客駐足觀賞。）

我們終於找出《米其林旅遊資訊雜誌》（*Michelin Guides*）錯誤的地方在哪裡了。你或許不知道米其林不僅將飯店分級，連城市也分級。米其林的比荷盧三國篇列出了六個三星級「特別值得一遊」的城市，其中有五個在比利時，分別是布格斯、根特、安特衛普、布魯塞爾，以及圖爾奈。

令人驚訝的是，一向被認為歐洲北部最富盛名的旅遊據點國——荷蘭，竟然只有一個三星級城市——阿姆斯特丹。

最後，廣告的標題還如此寫著：「在美麗的比利時，有五座像阿姆斯特丹那樣漂亮的城市」。插圖則是五張漂亮的四季景色的圖畫，分別代表比利時五個三星級城市。

這一則廣告讓很多人產生了極大的疑問，比利時真的那麼值得一遊嗎？一般遊客對比利時的印象都是從阿姆斯特丹經比利時到巴黎的火車站線景物所獲得的。

荷蘭的觀光局長為此曾向比利時觀光局長大表關切。不用說，荷蘭觀光局長很想將那則廣告撤掉，也很想給撰寫該篇廣告的人一點顏色。

此一三星級城市的策略有三種重要的含義。

第一，它將比利時和一般旅客心目中理想的目的地——阿姆斯特丹，扯上一點關係。在從事定位的活動時，若能從早已

在市場形成穩固定位的對手身上著手，對於你的定位成效會有
很大的助益。

第二，此外，在一個旅遊者心中占有強大影響地位的《米
其林旅遊資訊雜誌》刊登廣告，使得上述的牽扯關係得以成
形。

第三，「五個最值得一遊的城市」的廣告語，使得比利時
成為一真正的旅遊勝地。

最後，「美麗比利時的三星級城市」概念還搬上電視螢
幕，反應當然就更加熱烈了。

電視廣告能藉由螢幕的聲光效果很快地將一個國家美麗的
畫面植入消費者的內心，這種效率是印刷類廣告所無法比擬
的。

當然啦，也有可能產生濫用電視媒體的危險。也就是說，
如果你所播出的畫面和其他國家所播出的畫面雷同，風險可就
大了。

就以加勒比海小島風景的廣告為例。在你心中能只想到棕
櫚樹而不想到海灘嗎？當有人談及拿索（巴哈馬首都）、維京
群島以及巴貝多時，你心中的景象是否三地都一樣，假若真的
沒有太大差別的話，那消費者會在心裡將這些畫面影像集合成
加勒比海的海島，並將它丟置在心裡的一角。

同樣的情形也很可能會發生在歐洲那些奇異的小村落，以
及拿著啤酒馬克杯對觀光客微笑的居民身上。解決之道就是也
在米其林上刊登「星級」廣告，這些星星就宛如教堂裡響亮的
鐘聲，都會一起出現在比利時的城市景物裡。

結果如何？

現在或許你會開始產生疑惑，比利時刊登在米其林上的廣告既然那麼有效，為何至今仍沒有看夠比利時以及玩夠其境內的三星級城市呢？

一連串的事件使得此一極富創意的定位策略一直都顯得窒礙難行，而這對於有心發動定位計畫的人來說，真是一個寶貴的警訊。

新接任的管理人員對此一定位策略不太支持，以致於當布魯塞爾當局有意更換策略時，很快就「從善如流」了。

所得的教訓和警惕是：一個定位的策略若想成功，必須獲得主其事者的長期支持，不論主其事者是公司、教會、航空公司，甚或是一個國家的領導者。

然而，由於政治環境經常在改變，因而想獲得長期支持的心願似乎很難達成。

第16章
為小島定位——以牙買加為例

沙灘、衝浪，已成為加勒比海地區的島嶼所共有的景象，要如何為這些島嶼建立起獨特的定位呢？

當愛德華西加取代社會主義的信徒麥可曼尼而成為牙買加的總理時，他聲稱將打開大門接受資本主義人士的投資。

洛克斐勒聽了之後深受感動，因而請二十五位美國企業界大亨組團協助牙買加的開發。在訪問團返美之前，受到洛克斐勒的推介，牙買加當局聘請我們為牙買加此一小島找出定位。

投資或是觀光業？

牙買加其實兩者都需要。但是哪一項應優先考慮呢？

顯然地，投資對於觀光業是不會有多大助益的，但是有很多觀光客是在大公司裡任職。假若他們從牙買加歸來，而且對牙買加的印象不錯，很可能會鼓勵其公司前往牙買加投資。大多數公司的主管都喜歡在好玩的地方投資，這也就是為什麼很少人前往阿拉斯加投資，但前往加勒比海地區投資的人很多。

有誰會在冬季的時候前往費爾班克斯（阿拉斯加州中部的一個城鎮）查看工廠的營運情形呢？

競爭對手

從觀光客的觀點來看加勒比海，牙買加面對著四大主要競爭對手：巴哈馬、波多黎各、維京群島，以及百慕達。上述這些地區每年所吸引的觀光客都要比牙買加多。

當你提及上述加勒比海中的任何一個地區時，浮現在腦海中的是什麼景象？除了一個例外之外，不變的景象應是：海灘上成雙成對穿著泳衣的情侶躲在棕櫚樹下（這種海洋、沙灘和衝浪的景象，是老掉牙的加勒比海景象）。

唯一的例外當然就是百慕達。數年來對於停靠在粉紅色沙灘上的水上摩托車之景象的廣告，使得此一景象已深植在旅遊消費者的心中。

這招當然非常有效。根據我們的調查，遊客對百慕達的滿意度很高，僅次於維京群島。假若不是氣候的因素（百慕達比其他群島的位置還要更北方），百慕達的滿意度很可能會位居第一。

牙買加在定位時所遭遇到的難題和比利時所遭到的難題是很類似的。如何在有意前往加勒比海旅遊的觀光客心中留下強烈深刻的印象？

找尋風景明信片

第一個步驟就是，在數千張風景明信片中，找出一張最能代表牙買加風味的名信片。可是一定找不到的。

理由非常充分。假如有一張能代表牙買加風情的風景明信

片，早就會被人注意到且加以使用。換句話說，不少人早就會將此一代表牙買加的景象烙印在心中的。

第二個步驟就是親自探訪牙買加並拍下數十萬張照片，看看能否在其中挑選出一張最適合的風景照片。一點都不令人驚訝，一張合乎心中理想的也沒有。

第三個步驟本來應當第一個步驟來用。先了解消費者心中對牙買加的印象是如何，再以其印象為主，挑選出最能代表牙買加的風景明信片。

牙買加的風情是什麼呢？有一則舊廣告如此寫著：「牙買加是加勒比海裡一座充滿綠意的大島嶼，島上有世外桃源的海灘、清新的山巒、如詩如畫的草原、開闊的平原、河流、急湍、瀑布、池塘、質佳的飲水，以及密布的叢林。」

這聽起來不是很熟悉嗎？是不是讓你想起了太平洋中熱門的觀光據點呢？

和夏威夷扯上關係

沒錯，就是夏威夷。一講到夏威夷，大多數人心中都會浮現出一大片翠綠的火山山脈，以及湛藍的海水。

此種景觀在素有「加勒比海的夏威夷」之稱的牙買加也是處處可見。

當你將牙買加和其他四大競爭對手相比，會發現「加勒比海的夏威夷」此一概念具有強大威力。以下的圖表列出了五個地方的最高點。

百慕達...259呎

巴哈馬...400呎

維京群島...1556呎

波多黎各...4389呎

牙買加...7402呎

　　牙買加的藍色山脈標高七千四百零二呎，這是自美國密西西比河以東的最高點。

　　另外一個重要的比較就是這五個地的面積大小。以下的圖表列舉出這五個地方最大島嶼的長度：

百慕達...4哩

巴哈馬...8哩

維京群島..7½哩

波多黎各..50哩

牙買加...62½哩

　　牙買加又再度地占了面積大的優勢。牙買加有數哩的海灘，以及兩座最高峰都超過七千呎的山脈，這也使得牙買加具有看得多、玩得多的極佳賣點，而此一賣點倒真的和夏威夷有異曲同功之相關性。

　　此一賣點的推出，似乎也是在告訴觀光客，他們大老遠地搭機飛到夏威夷所要享受的（自然的美麗風景、翠綠的大山脈、美麗的海灘、全年極佳的氣候），在離美國很近的地方——牙買加，同樣也能享受到。

　　牙買加甚至也可以大加仿效夏威夷最成功的行銷策略——當觀光客抵達機場時上前獻花。

　　牙買加盛產很多美麗的花卉，此一舉動可讓觀光客知道，

牙買加是個既和善又美麗的地方。

定位在夏威夷的好處

「加勒比海的夏威夷」此一口號提供了一種視覺上快速的**類比**。過去幾年來，牙買加一直都吝於營造此種視覺上的景象。藉由消費者對夏威夷的美好形象，並將此一形象移轉到牙買加，此一方法會大大地節省時間和金錢。

更河況，加勒比海的夏威夷形象也將牙買加和其他加勒比海的觀光據點作一區隔。

海報的標題「一個製圖表者對加勒比海的看法」更是將此一觀點以製圖的方式勾畫出來。該海報上將加勒比海地區的各項地理景觀按比例畫出來（若想將百慕達找出來，需助助放大鏡才行）。

將牙買加和夏威夷產生類比的另外一個好處是，它提供歐洲觀光客一種不同的選擇──假如你居住在歐洲大陸，那夏威夷離你很遙遠。

假若一直納悶為何很少聽到「加勒比海的夏威夷」這口句號，那就得請教西加先生了。洛克斐勒的一位助理曾在《華爾街日報》上對西加先生有這樣的評語：「他被很多人認為是加勒比海的隆納德雷根。但事實上，他是牙買加的吉米卡特，他對每件事都追根究柢，也對每件事都感到煩悶不已。」

或許，西加先生現在仍對加勒比海的夏威夷此一議題感到相當煩悶吧。

第17章
為產品定位──以嘟得糖為例

規模小且經費不多的公司，如何將自己在消費者心中建立起
「持久替代品」的形象，取代了原先糖果棒在糖果市場的定位。

嘟得糖（Milk Duds）是由史威茲克拉克（Switzer Clark）
公司所生產的。嘟得糖由小型的黃棕兩色小盒子包裝而成，長
久以來該糖果一直都以「青少年的電影糖」而聞名，但史威茲
克拉克公司有意將其消費對象擴大到年齡階層較低的族群。

探索消費者心理

任何定位策略的第一步就是要先探索消費者的心理。

嘟得糖的消費者是哪些人呢？並不是對什麼都懵懵懂懂的
小孩子。研究調查顯示，大多數的嘟得糖消費者都是非常挑剔
的買主，他們至少已在糖果店進進出出不下百次。

嘟得糖的消費者平均年齡是十歲，而這些好奇精明的小顧
客總是對東西的價值非常在意。

大多數的定位策略說穿了也不過就是「找尋明顯的」。可
是，假若很快就對競爭產品進行猛烈攻擊，可是會很容易將
「明顯的」錯失掉了。（就如同詩人愛倫坡在其〈偷來的信〉一

文中所言，明顯的通常都很難被發現，因為人們太容易見到它了，也就是它太過於明顯了。）

當我們一談到糖果這類產品時，消費者的心理會想些什麼呢？並不是嘟得糖，雖然一般十歲孩童心中或許會依稀記得此一品牌名。

對大多數的十歲孩童來說，一談到糖果，他們會馬上想到糖果棒（Candy Bars）。

像好時（Hersheys）、雀巢、莫德（Mounds）、歡喜杏仁（Almond Joys）、瑞斯（Reeses）、士力架（Snickers）、星河（Milky ways）等品牌的糖果棒。這些糖果棒生產公司所花費的廣告金額高達數百萬美元。

將競爭重新定位

雖然嘟得糖投下的廣告費只不過是整個糖果業廣告經費總額的零頭而已，若想藉由廣告來為嘟得糖塑造特殊的形象是很難的。將嘟得糖的品牌名植入孩童心中的唯一方法，就是將糖果棒此類產品的競爭重新定位。

換句話說，生產嘟得糖的廠商應該投入大筆廣告經費來將嘟得糖塑造成一種「糖果棒的替代品」之形象。（若意圖將嘟得糖改名後再投入早已訊息爆滿的消費者心中，到頭來將會一無所獲。）

令人欣慰的是，在糖果棒的激烈競爭中有一顯著的弱點可供利用。當你仔細看好時糖果棒的大小、形狀及價格時，此一弱點立即變得相當明顯。

糖果棒在消費者口中的壽命相當短。一條50分美金的糖果棒，一個小孩子只消二‧三秒就送進肚裡。

美國的糖果消費者時常感到不滿足，在糖果業者將糖果棒的體積大幅縮水之後，更是怨聲四起。

「要是購買糖果棒的話，那我的零用錢就所剩不多了。」

「或許是我吃得太快了，要不然就是糖果棒愈來愈小了。」

「最近幾天，我總是很快地就將糖果棒『解決』了。」

這可以說是糖果棒激烈競爭中所顯現出來的弱點。

嘟得糖則不同。它是整盒裝而不是整包裝。每盒裡裝有十五個吃起來壽命較長且覆蓋有巧克力的牛奶糖，和一條糖果棒相較，一盒嘟得糖的壽命顯然較長，這也就是為什麼它在電影院大受歡迎的原因。那麼嘟得糖的新定位是什麼？

持久的替代品

嘟得糖可以是美國人對於糖果棒的持久替代品。

這對你來說或許是個顯而易見的答案，可是，對於製作嘟得糖的廣告業者來說，卻不是如此。嘟得糖過去十五年來的電視廣告都沒有提及此一概念。

讓我們閉起眼來做一趟三十秒鐘左右的嘟得糖廣告之旅，內容以推銷「持久的替代品」的概念為主：

(1)從前有個小孩他有張很大的嘴……（一個小孩站在一張大嘴巴的旁邊）。

(2)……他很喜歡吃糖果棒（這個小孩將糖果棒一枝一枝地塞進嘴裡）。

(3)……可是壽命不長，一會兒工夫就吃完了（小孩已經沒有糖果棒了，嘴巴顯得非常懊惱）。

(4)接著他發現了覆蓋有巧克力的嘟得牛奶糖（這個小孩拿起嘟得糖，嘴巴開始舔一塊嘟得糖）。

(5)嘴巴開始喜歡上嘟得糖，因為可以吃很久（小孩嘴巴裡的舌頭還是一直舔著嘟得糖）。

(6)（接著這個小孩和嘴巴一起合唱一首歌，而這首歌就是廣告歌）糖果棒已成為過去，現在心中想的嘴裡吃的都是嘟得糖。

(7)給你的嘴巴來點嘟得糖吧！（小孩和其旁邊的嘴巴都咧嘴大笑。）

這樣的廣告有效嗎？

該電視廣告不僅造成了糖果業界的銷售新趨勢，也使嘟得糖創下了自其生產上市以來的最高銷售量。

從嘟得糖的案例中可再次驗證一個重要課題——**要解決定位的問題通常不是從產品，而是要從消費者的心理著手。**

第18章

為服務業定位──以麥格蘭為例

為何一種嶄新的服務性產品，必須定位在和舊的服務性產品相抗衡的定位上呢？

　　為一個產品（如嘟得糖）定位和為一種服務業（如西部聯盟〔Western Union〕公司的「麥格蘭」〔mailgram〕）定位，兩者有何差別呢？

　　差別並不大，尤其是從策略的觀點來看，而大多數都是屬於技術上的差別。

視覺、語言各有所用

　　在產品的廣告裡，畫面是最主要的元素，也就是說視覺最重要。但在服務業的廣告裡，字詞是最主要的元素，也就是說語言最重要。（假如你看到一則廣告裡有一輛汽車的大畫面，會認為這則廣告是要促銷汽車而非租車服務）。

　　像嘟得糖這類的產品，最主要的廣告媒體應是以視覺為導向的電視工具，至於像麥格蘭這類的服務性產品，最主要的廣告媒體應是收音機這種以語言為導向的工具。

　　當然，上述的原則也並非一成不變，還是有例外的。假如

一般人都已知道該項產品長得什麼樣子，那使用印刷、電視或其他視覺性的傳播媒體就不會產生太大的作用。

相反地，假如服務性產品能善加利用視覺上的象徵意象，使用視覺性媒體仍是大有可為的。

除了某些例外，這種視覺和語言各有所用的現象是很普遍的。在對報紙、雜誌、收音機及電視等四大媒體進行測試後，發現收音機對麥格蘭這種服務性產品最具廣告效力。不過，麥格蘭故事的精髓主要是在策略的運用而非媒體的運用。在討論策略之前，先對麥格蘭的系統運作進行了解應是有所助益的。

電子傳訊

麥格蘭和美國郵政服務公司一同開發，並在一九七〇年展開有限度地實驗性運作，因此可說是美國的第一家電子傳訊公司。

若想拍一張麥格蘭電子傳訊，得先打電話給西部聯盟公司，該公司會將你的訊息經由電子傳訊傳至訊息接收者住所附近的郵局。隔天麥格蘭就會將訊息送抵接收者的手中。

除了經由打電話，顧客也可以利用電報、錄音帶、電腦、傳真機或打字機等方式來傳送給麥格蘭。

為什麼要花費冗長的時間來分析這些專門用語？又為什麼要討論麥格蘭系統繁複的內容呢？

這是因為大多數的廣告從來都不談論產品或銷售的服務內容，而且服務愈繁複愈有趣，這種情形也就愈可能會發生。負責引介產品的行銷人員太熱中於產品的引介，進而完全忽略了

消費者。事實上，傳統的廣告手法一定是將麥格蘭介紹成是一種「新穎、自動化，以及電腦化的電子傳訊服務」（西部聯盟公司單是在電腦程式的設計上，就花費了數百萬美元，至於地面上的工作站和太空中的人造衛星等費用，更是不計其數。）

低廉的電報

不論你花費了多少金錢，也不論你的服務是如何有趣且吸引人，為了要贏得消費者的心，必須要將市場裡原有的服務和你的服務做連結，不能將消費者的心由原來的定位驟然帶離至另一個定位。

至於消費者的心裡原來是定位哪項服務呢？當然是電報。

每次只要有人一提到西部聯盟這幾個字，大多數消費者心中都會浮現出這種曾在世界歷史上大出風頭的黃色電報。而麥格蘭（Mailgram）只有名字後半部的「gram」和電報（tele-gram）後半部的「gram」可以令人產生同是書信類的認知。

但是，新的 gram 到底有何差別呢？

主要的差別是在於價格。兩者都是使用相同的電傳格式，也都要求快速傳達訊息。但是黃色電報的價格卻是藍白兩色相間麥格蘭電子傳訊的三倍。因此麥格蘭所應發展出來的定位策略顯然應該是：「對電報價格產生衝擊的麥格蘭」。

至此，一定有人會說：「等一等，為什麼要將同是西部聯盟的兩大服務產品電報和麥格蘭電子傳訊放在一起互別苗頭呢？為何要讓公司本身的業務自相殘殺呢？」

「更何況，電報已屬一種夕陽產業，為何要將像麥格蘭如

此新穎及現代化的電子傳訊服務產品和日落西山的電報服務產品相提並論呢？雖然電報業務已不再成長，但仍然扮演重要的角色。」

上述的邏輯推理當然是無懈可擊。可是，時常發生的情況是：在處理和人類心靈有關的事物時，根據邏輯行事通常並不一定是最佳的策略。不過，由於此一邏輯推理是如此合理，經過審慎考慮再做決定是應該的，特別是過去電報的定位仍具有相當大的貢獻。

快速書信

事實上，麥格蘭此一品牌名本身也含有定位的意思。我們可以將麥格蘭和美國郵件（U.S. Mail）相提並論。

同樣地，假若西部聯盟有意讓麥格蘭奪取其他服務產品的市場，數據也顯示，將重心擺在和一般郵件服務的對抗上應是較好的策略。

在最近一年，投入全國的第一類郵件有六百八十億封，也就是平均每年每個家庭投了八百一十五封。

電報只占其中非常少的分量。

因此，麥格蘭的第二步定位策略應該是：「麥格蘭是重要信件的快遞者。」

低價的策略和快速的策略哪一種比較可行呢？若撇開各種負面影響不談，根據定位的理論來看，「低廉的電報」顯然要比「快速的書信」要來得有用些。然而，麥格蘭的研發及上市對西部聯盟來說是非常重要的，以致於不能單是根據判斷來做

決定。該公司最後採用兩種策略一併試銷，再以電腦來追蹤結果。

低價位和高速度之抗衡

試銷本身就是一個頗為巨大的工程，像皮奧利亞（Peoria，伊利諾中部一城市）這樣小的市場是不會被列入考慮的。麥格蘭的六大試銷城市是波士頓、芝加哥、休士頓、洛杉磯、費城，以及舊金山。以上皆是非常重要的通訊都市。

哪一種獲勝呢？事實上兩種策略都相當有效。以下是在十三週後試銷城市銷售量的增加情形：

高速書信城市..增加73%
低價電報城市..增加100%

單是這些數字就足以證明低價電報的定位策略較占優勢，可是真正重要的課題在於試銷城市裡對產品知名度的認知，而這在試銷前後都分別記錄下來。

以下的數字可以正確顯示麥格蘭在進行廣告宣傳前試銷城市裡的民眾，對於麥格蘭此一服務性產品知名度的認知：

高速書信城市..27%
低價電報城市..23%

從統計數字上來看，並無太大差別，也顯示試銷城市分配得相當平均。換句話說，大約有四分之一的消費者早已知道麥格蘭。

但是在經過一陣廣告宣傳之後，差別就相當明顯了。以下是經過十三週廣告宣傳後知名度的情形：

　　高速書信城市...25%
　　低價電報城市...47%

　　令人難以置信的是，在高速書信試銷城市裡，麥格蘭的知名度略微降低，從百分之二十七降到百分之二十五（就統計數字來講並不是很顯著）。

　　至於在低價電報城裡，情形則截然不同。麥格蘭的知名度增加了一倍多，從百分之二十三提升到百分之四十七。

　　這不僅是一大躍升，數字也顯示麥格蘭服務性產品的銷售量很可能會長期持續性地增加。

　　西部聯盟同時也記錄了該公司的電報產品在試銷城市廣告前、廣告中和廣告後的銷售情形，結果發現銷售情形相當穩定。事實上，該公司還覺得，將麥格蘭廣告宣傳成低價的電報不僅不會破壞電報產品的銷售量，反而產生很大的助益呢！

　　在採用低價電報的廣告策略後，麥格蘭的情形如何呢？銷售數字可以說明一切：

一九七二	六百萬	一九七四	二千萬。
一九七三	一千一百萬	一九七五	二千三百萬。
一九七六	二千五百萬	一九七九	三千七百萬。
一九七七	二千八百萬	一九八〇	三千九百萬。
一九七八	三千三百萬	一九八一	四千一百萬。

　　經過十年成功的銷售之後，西部聯盟公司決定改變麥格蘭

的行銷策略。除了捨棄低價電報的策略外，還採用強調隔天送達的快速服務策略。該公司也聘請新的廣告公司來策畫新的廣告活動。

再一次地，銷售數字可以說明一切：

一九八一...四千一百萬
一九八二...三千七百萬
一九八三...三千萬
一九八四...二千二百萬

很少可以看到因採用好的廣告策略和壞的廣告策略而產生如此巨大差別的案例（大多數的案例都還受到其他因素的影響）。可是在麥格蘭此一案例中，在策略改變的那一剎那，銷售量馬上遞減。

你必須實行的重要課題不僅是策畫出良好的策略，同樣重要的是，要有勇氣年復一年地不斷實行該項策略。

第19章

為長島一家銀行定位

在市場被臨近大都市裡的大銀行入侵時，地區性的小銀行如何
對其加以反擊？

銀行和西部聯盟公司一樣，是銷售服務而非銷售產品。可
是和麥格蘭不同的是，麥格蘭服務的範圍遍及全國，而銀行的
服務範圍仍僅限於某一地區。

事實上，為銀行定位和為百貨公司、工具店、或任何其他
經銷店定位的方法相差無幾。**若想成功地為經銷店定位，首先
一定要知道營業範圍。**

長島地區的銀行業

為了讓你了解我們是如何為長島信託公司（Long Island
Trust Company）設計定位的策略，首先先介紹一下該地區銀行
業的情形。

多年來，長島信託一直是長島地區首屈一指的銀行。它不
僅規模最大，也擁有最多的分行，並賺取最多的金錢。

然而在七〇年代，長島地區的銀行戰場產生了相當大的改
變，新法律允許銀行可在紐約州地區無限制地設立分行。

從那個時候開始，紐約市許多銀行就不斷地入侵到長島地區，還包括了花旗、大通（Chase Manhattan）曼哈頓，以及化學等數家大銀行。

甚至還有為數不少的長島地區居民每天通勤到紐約市，並在市區內的銀行辦理存放款等業務。

不過，市區內的大銀行入侵長島信託的勢力範圍還只是問題的一部分而已，最需要爭取的勢力範圍是銀行客戶的心。而一個小小的研究顯示，壞消息實在太多了。

探索客戶的心理

現在你終於可以領悟到知道顧客心理的重要性了。不僅要知道他們對你的產品或服務的看法，也要知道他們對競爭對手的看法。

通常此種探索力是屬於直覺性的，並非一定要花費2萬美元的研究費才會得知，西部聯盟也有經營電報的業務。同樣地，不用花費太多精神就可以決定嘟得糖、比利時，以及全錄在市場上的定位。

可是，藉由正式的定位研究來探索出客戶的心理通常是非常有益的，不僅對於規畫策略有所助益，也有助於將此一策略推銷給高階主管。（一位是在同一公司工作了三十年的主管，另一位則是三十年來一直暴露在該公司廣告下，但實際上對公司的了解只不過數分鐘、甚至數秒鐘的顧客，這兩者對該公司的看法一定大不相同。）

探索客戶的心理一般都是採用一種名為語意差別的研究技

術，這也是為長島信託規畫定位策略的步驟。

在語意差別的研究中，先提供客戶一組屬性，然後要求他們對表上的每個競爭者逐一評比（共十級）。

例如，價格就很可能是其中的一個屬性，就汽車業來講，凱迪拉克很可能會被評為較高的級數，而雪維特（Chevette）的級數則可能會很低。

在銀行業來說，幾乎沒有價格的屬性，因此就挑選了其他類別的屬性。以下就是挑選出來的一些屬性。(1)很多分行，(2)服務項目廣泛，(3)服務的品質，(4)廣大的資金，(5)對長島地區居民有所助益，(6)對長島地區的經濟有所助益。

前面四種屬性是傳統上經營一家銀行所需具備的屬性，而後面兩種屬性則是針對長島地區的情形而言。

就傳統的四種屬性來說，對長島信託相當不利。以下是客戶依此四種屬性分別對六家銀行所做的級數評比：

很多分行

化學銀行 7.3

北美國家銀行 6.7

歐美銀行 6.6

大通曼哈頓銀行 6.4

花旗銀行 6.1

長島信託 5.4

服務項目廣泛

化學銀行 7.7

花旗銀行 7.7

大通曼哈頓銀行.. 7.6

北美國家銀行.. 7.4

歐美銀行... 7.3

長島信託... 7.0

服務的品質

化學銀行... 7.2

花旗銀行... 7.0

北美國家銀行.. 7.0

大通曼哈頓銀行.. 6.9

歐美銀行... 6.8

長島信託... 6.7

廣大的資金

化學銀行... 8.2

大通曼哈頓銀行.. 8.2

花旗銀行... 8.1

北美國家銀行.. 7.8

歐美銀行... 7.7

長島信託... 7.7

然而，當屬性是和長島地區本身有關時，長島信託則如鹹魚翻身般地拔得頭籌。

以下是回答問卷者依和長島有關的屬性對六家銀行所評論的級數：

對長島地區居民有所助益

長島信託..7.5

北美國家銀行..6.6

歐美銀行..5.2

化學銀行..5.1

大通曼哈頓銀行..4.7

花旗銀行..4.5

對長島地區的經濟有所助益

長島信託..7.3

北美國家銀行..6.7

歐美銀行..5.4

化學銀行..5.4

花旗銀行..5.3

大通曼哈頓銀行..4.9

當屬性和長島地區有關聯時，長島信託總是六家銀行中級數最高者。只要看看該銀行名稱的魅力，就不會對此結果感到訝異。

規畫策略

長島信託應該採取什麼方法呢？一般人的勸告是：發揚自己的長處並致力改善自己的短處。換句話說，在廣告中大加宣揚服務良好、職員親切等優點。

一般人的勸告並非定位的思考。**根據定位的理論，你必須**

從消費者願意給你的地方著手。

客戶願意給長島信託的就只有「立足長島」。接受「立足長島」此一概念使得長島信託有能力擊敗欲入侵的大銀行。第一則廣告將此一主題明白地顯現了:

> 假如您住在長島,何必將您的金錢存到市區裡的銀行呢?
> 將錢財存在住處附近的銀行才合乎常理。不存在市區的銀行,而存在「長島信託」,因為「長島信託」是為長島地區的居民而設立的。
> 畢竟,本銀行是致力於長島地區的發展。
> 本銀行的目標不在曼哈頓島,更不在科威特境內的小島。
> 請您自問,您認為誰最關心長島地區未來的發展?難道是立足於大都會區、業務遍及五大洲、分行數以百計、最近才入侵長島地區的大銀行嗎?
> 或者是已在長島地區默默經營五十年,在長島地區設有三十三家辦事處的長島信託呢?

第二則廣告附有一張花旗銀行北美分處大樓的照片,並且寫著:

> 對於一家大銀行來說,其位於拿索(Nassau,巴哈馬的首都)地區的分行並不一定就是拿索人的銀行。
> 該銀行也很可能會在巴哈馬設立分行,因為這是各大銀行爭相爭取設立分行的地方之一。事實上,此一多國性的機構單是對巴哈馬及開曼群島的貸款就高達七百五十億美元。

這樣做當然沒錯，只不過假若您是長島地區的居民，該銀行也未免太不重視對長島地區的回饋了。

長島地區不僅是本銀行最喜愛的地點，也是本銀行服務的唯一地點。我們在拿索郡有十八家分行，在皇后和蘇福克共有十六家分行。

本銀行在長島地區已設立很長的時間，超過半世紀，而且本銀行百分之九十五的貸款都是貸給長島地區的居民、家庭、學校，以及企業。

長島信託的其他廣告也宣傳著相同的主題：

「紐約市區當然非常值得一遊再遊，但您會在市區內的銀行存款嗎？」

「對於市區的大銀行來說，它們最關心的島嶼不是長島，而是曼哈頓島」（廣告裡將曼哈頓島畫得很大，卻將長島畫得很小）。

「假如景氣變得很壞，市區內的大銀行會不會因此從長島地區撤走？（並回到市區。）」

十五個月以後，再做一次同樣的問卷調查，此時長島信託在每一樣屬性裡都有相當不錯的成績：

很多分行

長島信託.. 7.0

北美國家銀行.. 6.8

化學銀行.. 6.6

花旗銀行.. 6.5

大通曼哈頓銀行.. 6.1

歐美銀行.. 6.1

在「有很多分行」此一屬性中,長島信託是從最後一位躍升到第一位,這確實是一項相當大的成就,因為單以化學銀行來說,其在長島地區的分行數是長島信託分行數的兩倍。

服務項目廣泛

花旗銀行.. 7.8

化學銀行.. 7.8

大通曼哈頓銀行.. 7.6

長島信託.. 7.3

北美國家銀行.. 7.3

歐美銀行.. 7.2

在「服務項目廣泛」此一項屬性中,長島信託往上爬升了兩名,從第六名晉升到第四名。

服務的品質

花旗銀行.. 7.8

化學銀行.. 7.6

大通曼哈頓銀行.. 7.5

長島信託.. 7.1

北美國家銀行.. 7.1

歐美銀行.. 7.0

在「服務品質」此一屬性中,長島信託也是從第六名晉升到第四名。

廣大的資金

在「廣大資金」這項屬性中，長島信託是從最後一名攀升到第一名。

此結果不僅呈現在研究調查中，也呈現在各分行中。長島信託的年度報告就如此寫著：「由於廣告商的協助，並善用定位的策略，使得長島信託已成為長島人心目中的長島銀行。此廣告的效果不僅立竿見影，結果也十分令人滿意。」

或許你會認為一家銀行在其服務的地區做促銷活動是件稀鬆平常的事，這話當然沒錯。

但是最好的定位概念雖然很簡單，而且顯而易見，但大多數人卻還是輕忽了它。

第20章
為紐澤西一家銀行定位

為自己建立定位的最佳方法之一，就是找出競爭對手的弱點。

「紐澤西聯合銀行」（United Jersey）在紐澤西州共有一百一十六家分行。

紐澤西聯合銀行和長島信託的情況並不相同（沒有任何一個定位策略是到處行得通的），兩家銀行間也有許多不同點，其中最大的不同是：長島信託是長島地區最大的銀行，紐澤西聯合銀行卻不是紐澤西地區最大的銀行（該地區三大銀行依序是：第一忠實銀行〔First Fidelity〕、麥得蘭迪克〔Midlantic〕銀行，以及紐澤西聯合銀行。）

在銀行界找出可行的定位

紐澤西聯合銀行和長島信託兩者間唯一的共同點在於行銷環境：兩者在北方都是在花旗、大通曼哈頓、化學、漢諾威製造商（Manufacturers Hanover）等幾所大銀行的陰影下營運。

在南方，紐澤西聯合銀行則又在費城裡數家大銀行，如麥倫（Mellon）、賓州第一（First Pennsylvania）等強敵環伺下辛苦地營運。

強敵環伺已為紐澤西聯合銀行在銀行界找出定位產生了棘手的難題，再加上該銀行所能提供的服務項目又和其競爭對手有諸多雷同之處，這更增加了難題的複雜度。當然，聯邦政府和州政府的繁瑣法令也很令人頭痛。

唯一行得通的方法是「泰諾模式」。**解決為該銀行定位難題的答案並不在於檢視銀行本身，而是要先對競爭對手加以審視**，就如同泰諾先對阿斯匹靈的問題加以審視一樣的道理。

紐澤西聯合銀行所要面對的是整個紐約大都會區的銀行叢林。

這確實是一座銀行叢林。單是在曼哈頓地區，就有三百八十九家銀行，至於布魯克林區、皇后區、布隆克斯區、史達騰區（Staten Island），以及整個紐澤西州就更不用說了。

在此座巨大的銀行叢林中，花旗和大通曼哈頓可說是其中的國王和皇后。僅在曼哈頓地區，花旗銀行就設立了七十四家分行。

花旗銀行副總裁的人數幾乎和紐澤西聯合銀行員工的人數相當，因此要如何找出花旗的弱點呢？

規模大的不利點

要為紐澤西聯合銀行找出優勢是相當困難的，倒不如先尋找那些規模龐大的競爭對手的不利點。

為何要將紐澤西聯合銀行拿來和大銀行相提並論呢？為何不和同是小型銀行的對手競爭呢？和大銀行相爭的理由在於：它們早已在消費者心中擁有穩固的定位，而定位本來就是在處

理產品和消費者心理之間的關係。

規模大的不利點就在於服務速度較慢。就如同艾維斯曾在其廣告中所言：「向艾維斯租車，因為排隊的時間比較短。」同樣地，銀行也不應讓顧客久等。也因此，我們為紐澤西聯合銀行規畫出一個稱為「服務快速的銀行」的定位策略。此一策略主要有兩大重點：

第一：善加運用紐約大都會區大銀行唯一真正的弱點——服務速度太慢。

第二：請紐澤西聯合銀行的主管人員務必要使該銀行確實履行廣告上許下的承諾。總共有七大承諾：

(1) 非中央集權化的決策。紐澤西聯合銀行將其決策階層大幅降低到地區主管（放款部門有權決定1000萬美元的貸款，而且此一放款部門每天需集會一次）。該銀行在全紐澤西州更設有十大放款中心，中心裡的主管就有權決定放款，使得客戶能迅速貸款。

(2) 全能的訓練。紐澤西聯合銀行訓練員工對每個營業項目都必須非常熟練，不能只局限於某一特定的營業項目。如此一來，當客戶遭遇問題並向行員詢問時，該行員不用詢問專門辦理該項業務的同事，再轉述給客戶，大可直接地回答客戶的疑問，當然就會替客戶節省了很多時間。

(3) 使用全新的電子系統。紐澤西聯合銀行所採用的ATM（自動櫃員機）是全州最大的私人網路。該銀行的客戶只要向其任何一家分行洽詢，透過電腦網路，即可答詢諸多存放款等問題。

(4) 快速的保險箱服務。紐澤西聯合銀行每個工作天整理支票六次，週末則有四次。該銀行的紐渥克保險箱有一套自己

的密碼。該銀行在接受客戶申請保險箱後，馬上就可將客戶的貴重物品存入箱內。

(5)**非現金交易快速確認終端機**。由於使用這些終端機，使得企業人士能享受到快速電子確認的好處，快速確認及最少的錯誤意味著金錢流通的改進。

(6)**重視顧客的反應**。不論是對於新業務的推出或是推出其他銀行早已實行的業務項目，這些都顯示紐澤西聯合銀行是最重視顧客反應的銀行。

(7)**最佳的中心位置**。紐澤西聯合銀行最近將其總部搬遷至普林斯頓。從整個紐澤西州來看，普林斯頓正好位於該州的地理中心位置，不論是搭車，甚至是搭直升機，顧客只消花費不到一小時的車程就可抵達紐澤西聯合銀行的總部。

以服務快速做廣告宣傳

當紐澤西聯合銀行確實能施行上述七項承諾時，就可開始依據上述七大承諾來做廣告宣傳。宣傳的重點自然是在競爭對手的弱點上。

每一則電視廣告都讓紐澤西聯合銀行和其他大型銀行相提並論，並將這些大銀行戲謔地稱其為「老態龍鍾的銀行」，而且也提醒觀眾，到這些老態龍鍾的銀行貸款，可是要耗上相當長的時間和精力。就在老態龍鍾的銀行消失了，客戶因許多問題找不到人詢問而茫然時，畫面上又出現了一對夫婦為了分期付款的事在這些老態龍鍾的銀行裡排隊等候服務。

在接二連三幽默諷刺的畫面之後，紐澤西聯合銀行出現

了，並打出了廣告口號：「時間和金錢都是必須珍視的。」

該銀行在印刷類的廣告上也是以「服務快速的銀行」為號召。兩個時常可見的標題分別是：「時間就是金錢」，以及「銀行不應讓客戶久等」。

紐澤西聯合銀行裡，每一位員工的辦公桌上都貼有「時間就是金錢」的標語，其目的也就是在提醒員工千萬不要讓顧客久候。

有效嗎？

不論從任何方面說，「服務快速的銀行」策略替紐澤西聯合銀行打了一場漂亮的勝仗。例如，在一年之內，該銀行的知名度就增加了三倍之多。

營業量和利潤也都不斷地提高。在該策略施行一年之後，紐澤西聯合銀行淨賺了3000萬美金，比前一年增加了百分之二十六。

另外一個重大的改變是該銀行員工的心態。該銀行一位主管曾在報告中指出：「廣告對於本銀行形象的改變當然是件令人興奮的事，但是我所見過最欣慰的事，是本行上上下下的員工都盡最快的速度把事情做好……這真是了不起！自從廣告開始宣傳之後，我看到了員工心態上的重大改變，客戶的文件不斷地批准下來，很少看到客戶呆坐等候。」

一個成功的定位策略會使得公司在各方面都有所提升和進步。當你將公司的旗幟升上旗桿最頂端，並引來眾人尊敬的眼光，那時你和你的公司已成為市場上的勝利者。

第21章
為滑雪勝地定位——以史多威為例

局外的專家能為定位策略增加可信度。

在美國境內的滑雪場地超過一千個。由於一般滑雪者的心裡通常都只能容納極為少數的場地名稱，因而要為任何一個滑雪場定位是件困難的事。

假若此一滑雪場名為「史多威」（Stowe），那問題就比較簡單，因為史多威早已名聞遐邇。《廣告年代》雜誌的專欄作家吉米布萊迪（James Brady）就曾說過：「我認為『史多威』是東部重要的滑雪勝地，就像『艾斯本』（Aspen）是西部重要的滑雪勝地，『法爾德依斯爾』（Val d'Isère）是法國重要滑雪勝地，以及『吉茲布爾』（Kitzbühel）是奧地利重要的滑雪勝地一樣。」

為何要替史多威定位

史多威既然已極富盛名，又為何需要定位呢？或者是只要替史多威打廣告就好，至於史多威會有什麼形象則由滑雪者自己去憑斷？

就某種程度來說：這話說得沒錯。像史多威這樣的產品，

或者像史多威這樣著名的勝地其實年復一年都一樣享有盛名。但若定位得當，則更能提升名氣。基本上來說，定位能夠提供談論的話題。

滑雪者都談些什麼話題呢？吉米布萊迪說得好。滑雪者談論的就是滑雪勝地，例如艾斯本、法爾德依斯爾以及吉茲布爾等。

只要有了以上初步的了解，就可開始替史多威找尋定位。從情況看來似乎要向外借助較權威的專家。

十大滑雪勝地

著名的滑雪及旅遊專家艾比蘭德（Abby Rand）是一位可信的專家。在《哈潑雜誌》（*Harper's Bazaar*）的一篇文章中，她列出了世界十大滑雪勝地，其中一個就是位於佛蒙特州的史多威，至於其他九個滑雪勝地分別是：位於科羅拉多州的艾斯本，位於法國的古奇模（Courchevel），位於懷俄明州的傑克森洞（Jackson Hole），位於奧地利的吉茲布爾，位於智利的波特羅（Portillo），位於奧地利的聖克里斯多夫（St. Christoph），位於瑞士的聖摩瑞茲（St. Moritz），位於愛達荷州的太陽谷（Sun Valley），以及位於科羅拉多州的費爾（Vail）。

對於史多威所採用的定位廣告必須使用肩章以便舉例說明滑雪的地區，該廣告如此寫著：「世界十大滑雪勝地中只有一個位於東部。」

該則廣告又繼續寫著：「若想經歷一生中最美好的滑雪假期，用不著到阿爾卑斯山、安地斯山，甚或是洛磯山，只需要

到東部的滑雪之都——位於佛蒙特州的史多威，一切美夢都將成真。」

滑雪者對於此一廣告的反應頗佳。他們根據廣告索取了數以千計的小冊子，到史多威的滑雪人數也打破了其以往的紀錄。

或許你會認為要為像史多威如此著名的滑雪勝地增加盈利是件相當簡單的事，話雖如此，但無可否認地，和其他滑雪場地間的競爭也帶來優勢。像史達頓（Stratton）、蘇格布希（Sugarbush）、大布朗利（Big Bromley）、以及雪山（Mt. Snow）等，都是位於史多威以南的滑雪場地，如此一來，使得擁有最多人口地區（紐約市）的滑雪者必須多花一至兩小時的車程才能到達史多威。因而廣告的另一個作用就在於向滑雪者保證，雖然到史多威要比到史達頓等地多花一或二小時的車程，但這一、二小時的車程是值得的，史多威絕不會讓滑雪者失望。

「世界十大滑雪勝地」，這是比較傳統的定位策略。它是利用人類在遇到複雜的事物時，常會列舉清單以便易於解決的心理傾向。「世界七大奇觀」就是運用此一策略最早期的例子。

更何況，十大的策略盡可以無限期地使用，其實沒有改變的理由。還有什麼策略會比讓自己的產品或遊樂場被列入世界最佳之林要來得更有效呢？

當你聘請知名的權威人士來為產品或服務確立可信度，這時你正觸動了人性最基本的一面——人類要在不相信自己的判斷時才反而會覺得心安。

此一順從權威的天性最為《真實的相機雜誌》（*Candid Camera*）創辦人艾倫方特（Allen Funt）費心探討。方特說：

「我認為最糟的是,人類實在很容易被某種權威,甚或是極少量的權威象徵牽著鼻子走。」

方特接著又說:「只要在路上豎立起『往德拉瓦地區的道路今天封閉』的牌子,大多數的駕駛人都不會對此感到懷疑,反而會問:『那到紐澤西的道路應該沒有封閉吧?』」

第22章
為天主教會定位

即使各種機構或組織都能從定位的思考中獲益良多，本章為天主教會提供了一個極為可行的定位策略。

本書不僅談廣告，也談宗教。

談宗教？這不會太牽強了嗎？

其實也不會。任何宗教的基本精髓還是在於溝通。也就是說，從神到神職人員、再到教徒間一脈絡的溝通。

若其中有任何溝通不良的情形出現時，那問題絕不是出在完美的神或是不完美的教徒，而是出在神職人員身上。

神職人員是否運用溝通的理論來傳述教義，這對於宗教對其教徒是否具有影響力，兩者間的關係密不可分。

認同的危機

數年前，定位的概念也曾運用在天主教會上。換句話說，天主教此一龐大的機構所遭遇到的溝通難題，解決之道和大公司碰到溝通上的困難沒有多大差別。

當時並非教皇、也非主教團，提議用定位的策略來解決天主教在溝通上所遭遇的難題，提議的是一群普通的信徒。他們

對於著名的神學家聲稱，在梵諦岡第二次大公會議的改革之後，天主教已遭遇到「認同的危機」而感到憂心忡忡。

顯然在天主教會裡真的已經產生溝通上的危機。

雖然教會方面花費很多精力在改善溝通技巧，但由於缺乏強大的中心主題，以致於無法連貫持續下去（這也是在過度溝通的紀元裡特別會產生的嚴重問題）。

就像通用汽車一樣，缺乏一套整體的廣告規畫，所有的廣告都由各地區的經銷商自行策畫，結果只有少部分的廣告還不錯，絕大多數的廣告則是完全沒有任何價值可言。

天主教會產生的溝通問題大多數要從梵諦岡第二次大公會議追溯起。

在所謂的「開放門戶」之前，天主教會在其信徒心目中一直有一個明確的定位。對於絕大多數的教徒來說，教會是專門傳授天主教義理的，而義理內容大多是強調戒律、賞賜，以及懲罰，而且對於老年人或年輕人所採用的都是同一種傳教方法。

可是梵諦岡第二次大公會議卻將天主教會從「傳授義理和律法」的定位上移走。結果許多律法及義理都被認為不需要而遭到刪除，祈禱文和禮拜儀式也時常遭到修改，一向以嚴謹著稱的教會如今卻變得過於彈性化。

不幸的是，當如此重大的改變正在進行的時候，竟然沒有任何一位廣告公司的主管人員在旁，沒有人對遭受修改的部分再加以過濾，也沒有人製作一些簡單的話語來對教會的新方針加以闡釋。

在經過了幾年「不需要廣告」的溝通之後，可以想見的是，天主教教會當局一定無法對其手中的溝通難題具有正確的

認知。

喪失了影響力

　　最缺乏的溝通就是沒有將教會的新方針加以呈現出來。

　　信徒在心中一定會一再地追問：「假如教會已不再傳授天主教的義理，那教會現在的功能是什麼？」

　　自從梵諦岡第二次大公會議之後的這些年以來，再也聽不到簡潔有力的回答了，也不試圖讓信徒了解教會的定位已有所改變。其實，甚至連神職人員也都無法了解。

　　由於一再無法提供答案給信徒，致使信徒更加迷惑，脫離教會的人也愈來愈多。

　　有史以來第一次作彌撒的參加人數竟然降到全天主教人口的百分之五十都不到，也就是說足足下降了二十個百分點，可是基督教的信徒參加禮拜的人數仍然相當穩定。

　　今天教士、修女及修士的人數要比十年前少了百分之二十，立志從事神職工作的人也下降了百分之六十。

　　最後，這組統計數字尤其重要。根據神學家比得柏格（Peter Berger）的說法，天主教會是當今美國社會中最大的道德團體。

　　可是，當《美國新聞及世界報導週刊》（*U. S. New & World Report*）請兩萬四千位具有影響力的高階主管對主要的影響力團體或機構做評斷，發現天主教會及其他頗具規模的宗教團體排名都很後面。

　　很顯然地，天主教會的道德權威形象仍然沒有與教會外人士充分地溝通。

教會應扮演的角色

「在當今的現代社會中，天主教會究竟應該扮演何種角色呢？」

這個問題一直長存於神職人員、主教和信徒的腦海中。可是答案眾說紛紜，從來沒有一個答案是曾經二度出現的。

有人說答案不簡單，也有人說答案不只一個（似乎不為「每個人都這樣」的陷阱所迷惑）。

企業界的高級主管通常對此種問題都有明確的答案。假如你問通用汽車的高階主管這種問題，他們一定會回答很希望該公司能扮演全世界最大汽車製造商的角色。許多公司花費了數百萬的廣告費，試圖將其產品的精髓溝通給顧客知道，因而才會有諸如「比白色還要更白」，以及「打擊蛀牙是克斯特的唯一目標」等廣告標語及口號。

教會必須以簡單且明確的話語來回答信徒心中一直未被回答的問題，也應將此一答案以良好且嶄新的溝通方式來傳授給信徒。

老想為公司規畫出一套認同的計畫，通常需要追溯公司的歷史，直到發現公司最基本的業務為止。這一步驟包括了審視過去的舊計畫和方案，並且要徹底了解哪些奏效，哪些則一點效果都沒有。

至於在天主教會這個案例中，就必須追溯到兩千年前的教會歷史。若審視公司企業，應重視年度報表的蒐集，若是審視天主教會，則要將重心放在《聖經》上了。

為了要找尋出教會的角色，並將其以簡單明確的話語表達

出來，在福音裡有兩段記載可以明顯地作為答案。

第一段是記載在〈馬太福音〉，這是耶穌還在世上傳道的時期，祂教誨信徒要聽從聖子的話語（〈馬太福音〉第十七章二十三節）。

第二段記載則是在耶穌正要離開人間時，祂教誨門徒一定要到每一個國家傳播他們從祂口中聽到的話語（〈馬太福音〉，二十八章十九節）。

話語的教師

從《聖經》裡很明顯地可以看出，耶穌期望教會扮演「話語的教師」。

由於耶穌是上帝之子，因而祂的話語是萬世萬代皆適用的話語。上帝的寓言不僅適用於祂那個時代的人，也適用在我們現今這個時代。

因此，教會在傳授上帝的話語時不僅要簡單有深度，也必須廣泛且不落俗套。因為在這些話語裡面，耶穌提供萬世萬代人們的精神食糧及行動準則。

因而在今天，神職人員在講述福音時，務必要將兩千年前的話語轉化成適合當今時空環境的話語。

職是之故，從追溯歷史中，可以為教會所扮演的角色找到定位，教會應讓耶穌常活在信徒們的心中，也應轉述祂的話語來解決當代人們所面臨的困境和難題。

從許多方面來看，梵諦岡第二次大公會議是將教會開倒車而不是帶領它往前走。教廷二世已忘記教會的職責是扮演話語

的教師之角色。

「話語的教師」雖簡潔，卻顯然是解決此一複雜問題的唯一答案。

確實是如此。從過去的經驗可以看出，定位的運用其實也就是在找尋出「明顯的」來。明顯的本來就是最容易溝通的，因為對於接收訊息的人來說，最明顯的也就是最合理的。

遺憾的是，最明顯的觀念也是最難認知和最難推銷的。

人類的心理總是傾向於愛慕複雜化的東西，輕忽明顯的東西，並時常認為明顯的太過於簡單了。（例如，許多天主教的神職人士就對一位知名神學家所提出的「教會不只扮演一種角色，而是扮演了六種不同的角色」此一複雜的論調相當著迷。）

實行定位的策略

一旦將明顯的概念抽離出來，接下來要做的就是釐定做法，並加以實行。

首先要做、也是最重要的就是對神職人員的訓練。神職人員必須具有良好的溝通能力，並透過講道來吸引信徒，如此一來才能勝任話語的教師之角色。（事實上，當今最佳傳道者並不是在教堂的神職人員，而是電視上的佈道家。）

除了對神職人員的訓練之外，觀看影片《回到創世紀》（*Return to the Beginning*）也是相當有效的。

任何重大的溝通工程通常都需要拍成影片，以便吸引大家的注意，而拍成電視影片則是最佳的方式。（這也就是為什麼每當有新產品上市，總會上電視廣告，電視的威力由此可見。）

另外有許多其他的方法都可供使用，而其最大的目的也都在將教會塑造成上帝話語的教師的形象。

重要的是，一旦制定了定位策略，所有的活動也就有了明確的方向，即使是像天主教會如此龐大的機構也不例外。

結果如何？

一點結果都沒有。

想說服天主教會高階決策人士運用定位策略來解決教會所遭到的難題，簡直就比登天還難。

掌握大權的主教們不僅斷然拒絕由非教會人士來協助他們治理教會，對於非教會人士所提供的解決之道也斥為太過於明顯而不接受。單純簡潔的訴求終究還是抵不過偏好複雜化的心理傾向。

至於教會所面臨的大問題仍然沒有解決。假如你有看報紙，可能會注意到教皇正計畫召開教會會議來評估梵諦岡的第二次大公會議。梵諦岡官方報《羅馬觀察者報》認為，此教會會議召開的目的，是要解決梵諦岡第二次大公會議過去二十年間所引發的令教徒和世人困惑作法的後遺症。

天主教教會當局最後是否會承認教會確實遭到了混淆不清的難題？教會當局能否製作出一套將教會在現代社會重新再定位的溝通策略，以便解除其內部的認同危機呢？此一策略又能否將教會內保守派和自由派日漸擴大的意見鴻溝加以弭平呢？

千萬不要屏息以待。

第23章

為自己和自己的事業定位

你可以藉由定位策略來提升自己的事業。重要的原則是，千萬
不要以為只要靠自己的努力就能達成晉陞的目標，應該找一匹
好馬來騎。

　　既然定位策略可以用來替產品促銷，為何不能用來替自己
促銷呢？

　　讓我們重新複習定位理論，因為這對於你將它運用在自己
的事業上，有莫大的助益。

給自己下定義

　　你是誰？人和產品一樣，都會遭遇到想八面玲瓏又怕發生
喪失自我的認同危機。

　　消費者在碰到想八面玲瓏的產品時，心裡一定會產生相當
大的困惑。其實，要將一個產品宣傳成具有某種特點已不容
易，若要宣傳成具有二或三種以上的特點更是困難。

　　定位時最困難的部分就是，挑選出某一特點並加以廣告宣
傳，但這又是不得不做的步驟，否則無法穿越消費者冷漠之
牆，進而在其心中占有一席之地。

你是誰？你在生活中的定位是什麼？你能否用單一的特點或概念來概略說明自己的定位？假如可以，能否運用你的事業來建立及發展自己的定位？

大多數人都太縱容自己，以致於沒有為自己確立足以說明自己的單一概念或特點。他們一直猶豫著，一直期望別人來替他們做這件事。

「我是達拉斯市最優秀的律師。」

你是嗎？假若你向達拉斯市的律師們做問卷調查，你的名字會時常被提及嗎？

「我是達拉斯市最優秀的律師」，這種地位是可以藉著一點才華、一點運氣，以及大量的策略來達成的。第一步就是先將足以代表你的特點或概念抽離出來，再將其運用在建立長期性的定位上。這做起來不簡單，但是一旦成功則會獲得許多好處。

犯下許多錯誤

任何值得做的事都有可能搞砸了，但假若這件事不值得做，那你根本就不會去做。

反過來說，假如這件事值得做，你卻拖延多時才進行，到時不是錯過時機就是做起來風險性增高。

因此，任何值得做的事都有可能搞砸。

假如你的做事態度是：多試總會有成功的一天，不要因為害怕失敗而只做確定的事，那麼你在公司的評價一定不錯。

很多人仍然記得泰·克伯（Ty Cobb）盜壘一百三十四

次、成功九十六次（盜壘率達百分之七十）的紀錄，但卻忘記馬克斯・蓋瑞（Max Carey）盜壘五十三次、成功五十一次，高達百分之九十六的盜壘率。

艾迪・阿卡羅（Eddie Arcaro）被譽為有史以來最偉大的騎師，但在他獲得第一次騎馬競賽冠軍前，可是連續失敗了二百五十次。

務必取個好名字

還記得萊納多・史萊（Leonard Slye）嗎？大概很少人會記得，但是當他改名成羅依・羅傑斯（Roy Rogers）時，卻成為他日後變成超級巨星的重要一步。

記得馬理安・馬理森（Marion Morrison）嗎？這真是一個聽起來有點娘娘腔的名字，因此他就易名為約翰・韋恩（John Wayne）。

記得伊薩・丹尼爾威曲（Issur Danielovitch）嗎？他起先改名為伊薩多爾・戴蒙斯基（Isadore Demsky），後來又改名為寇克・道格拉斯（Kirk Douglas）。

奧利佛・溫得爾・荷姆斯（Oliver Wendell Holmes）也曾說過：「命運作弄他，才會使他取了史密斯這種藝名。」

只要不是意圖詐欺或蒙騙，法律並沒有限制人民不能採用他們喜歡的名字來替自己命名，所以千萬不要將你的名字改成麥當勞，否則別人會以為你想開一家漢堡店呢！

假如你是位從政者，千萬不要多此一舉將自己的名字改為「無名氏」。路德・克諾克斯（Luther D. Knox）在參加路易斯安

那州的州長初選時，將姓名正式改成無名氏。不過，聯邦法官鑑於此舉有蒙騙之嫌，因而下令將他從選舉的投票單上除名。

避免掉入縮寫字母名的陷阱

很多商界人士都很容易掉入縮寫字母名的陷阱。

一些年輕的中低階主管注意到上司都很喜歡使用縮寫字母名，例如J.S. Smith、R.H. Jones等。因此他們也想加以仿效，並在紙條和書信文件裡開始大大使用縮寫字母名。

這是個重大的錯誤。只有在每個人都知道你名字的時候，才可以使用字母名。假如你還在力爭上游中，假如你想讓自己的名字能夠烙印在主管的心中，一定要使用全名而非縮寫字母名。同樣的道理，公司名也不能隨意使用縮寫字母名。

將你的名字寫下來並好好地審視一番吧：Roger P. Dinkelacker。

當高階主管看到這樣的姓名時，心中會作何感想：「我們是家大型公司，你又不是位居高官，卻愛出風頭將中間名寫成縮寫字母『P』，以彰顯自己和其他同仁的不同。」

但縮寫字母名也並非全然不能使用。

例如你的名字是John Smith或Mary Joneses等較大眾化的姓名，倒確實需要將中間名的大寫字母寫出來，以便於和公司其他的John Smith或Mary Joneses有所區別。

如果你的姓名真的很通俗，倒不如取一個新的名字，因為太大眾化反而會造成混淆，而混淆常會阻礙了定位策略的成功發展。你總不能將一個過於通俗化的姓名烙印在別人的心中

吧！試想，假如John T. Smith和John S. Smith兩者同時出現時，要分辨清楚還真不是件容易的事！

絕大多數的人是不會太在意的，大多會將這些名字忘得一乾二淨，因此縮寫字母名的陷阱裡，又多掉進了幾名受害者。

避免掉入延長線效應的陷阱

假如你有三名女兒，你會依序叫她們Mary 1、Mary 2、Mary 3嗎？或者會將她們命名為Mary、Marian、Marilyn嗎？不論是以哪一種方式命名，都將會帶來終生的困擾。

同樣的道理，你也不應將兒子命名為「某某二世」，這對他並沒有任何幫助，他和你是屬於不同的個體，因而應該有自己獨特的名字。

在演藝界也是如此，假如你想讓自己的名字深深烙印在大眾的心裡，甚至連著名的姓氏都不應該使用。

今天，麗莎·明妮莉是個名氣比她母親（裘蒂·嘉蘭）還響亮的明星。當初她要是以麗莎·嘉蘭的藝名踏入演藝界，一定會對其星途礙手礙腳。

法蘭克·辛納屈二世就是一個深受延長線效應所害的典型例子。聽眾在聽到他的名字之後，心裡一定會想：「他一定無法唱得像他父親那麼好。」

如同本書第十二章所提過的，你將會聽到你預期會聽到的。當然對法蘭克·辛納屈二世來說則是相反，永遠聽不到他原先期望的掌聲。

找一匹馬來騎

有些企圖心強、頭腦也夠靈光的人發現，自己被困在前途看似暗淡的狀況裡。他們都如何突破？

他們工作得更勤奮，想藉由拉長工作時間來彌補。他們認為成功之道就在於勤奮不懈地工作，讓自己表現得比別人好，就一定會有名利雙收的一天。

這是錯誤的想法。更勤奮地工作常常並不是通往成功的捷徑，但更聰明地工作則常能保證成功的到來。

這是屬於老掉牙「鞋匠的小孩」的故事。我們發現，管理者反而不知如何經營管理自己的事業。

他們的晉陞策略通常都是一種非常天真的想法：能力和努力最重要。因此他們更加勤奮的工作，期待有一天有人輕拍他們的肩膀，大加讚美一番，並從此晉陞至另一個位階。

可是這一天卻很少到來。

真相在於，**很少人是靠一己之力而達到名利雙收的境地，真正能確保成功的方法，就是替自己找一匹馬來騎**。或許內心很難接受這個事實，可是人生中的成功少不了他人的協助，不能單靠自助。

甘迺迪的「不要問國家能為你做什麼，而要問你能為國家做什麼」這句話是錯的，應該改成「不要問你能為公司做什麼，而要問公司能為你做什麼」。因此，假如你在事業上遇到一個好機會，一定要睜大眼睛找一匹馬來載你奔馳於成功之路上。

你所騎的第一匹馬是你的公司。公司要往哪裡走呢？你的

公司有任何進展嗎？

有很多優秀的人才由於選錯公司，使自己陷入挫敗中。若真的失敗了也好，至少還有機會重新再來；最糟的是，公司停滯不前也沒關門大吉，使得優秀人才和公司一樣沒有任何進展。

不論你如何聰敏，若將自己的命運和一個失敗的公司擺在一起，那是非常不值得的事。即使是最優秀的人才，若是搭乘鐵達尼號，一旦船沉了，還是和其他平庸之輩一樣被困在救生船上，能否平安上岸，還得靠運氣幫忙。

你自己一個人是無法力挽狂瀾的。假若你的公司一直沒有進展，就跳槽到另一家公司吧。或許未必能進入IBM或全錄等大公司，至少也要進入水準之上的公司。

應該置身於有成長前景的產業，例如電腦、電子、光學，以及傳播業等。

軟性的服務業比硬性的製造業前途看好。因此，應該往銀行、租賃、保險、醫藥、財務，以及顧問等產業發展。

此外，千萬不要忘記，你在夕陽工業的工作經驗會阻礙你往完全不同領域產業發展的機會，尤其是服務業。

當你辭掉工作進入有前瞻性的公司任職時，千萬不要斤斤計較當下的薪水。

應該計較的是，它明天會付你多少薪資。

你所騎的第二匹馬是你的上司。就如同你問自己有關公司的問題一樣，也應該自問有關上司的問題。

他有任何進展嗎？假如沒有，那誰有？一定要找最聰敏、最伶俐、能力最強的人來當你的上司。

閱讀成功者的傳記會發覺，人之所以能在成功的階梯上往上爬，完全是因為跟隨在一位成功者的後面，從被派任的第一件卑微工作起一路往上爬，最後成為公司的總裁。

　　有些人喜歡在能力差的主管手下工作。或許他們認為一朵鮮花若插在一堆枯萎的花叢中會比較突出。但是他們卻不知道，當高層決策者看到某部門運作不力時，是會將整個部門的不力員工解雇掉。

　　尋找工作有兩種人。

　　一種人是過於以自己專長為傲。他們常會說：「你們這些人非得有我在一旁不可，因為我的專長你們都不懂。」

　　另一種人則完全相反，他們會說：「我的專長你們也很在行，你們做得真好，我很希望能和你們這群優秀的人一起工作。」

　　哪一種人比較可能被僱用？當然是第二種人。

　　反過來說，高階主管卻比較欣賞第一種人，他們喜歡企圖成為專家因而擁有高薪、高職位的人。

　　「搭一輛便車前往星球」，這是愛默森的名言。這在當時是個好建議，在今天更是。

　　假若你的上司企圖心強且一路往前衝，那你有所進展的機會也會大幅提升。

　　你所騎的第三匹馬是你的朋友。很多企業人士擁有許多個人的朋友，卻沒有商界的朋友。擁有許多個人的朋友固然是件好事，他們有時候會幫忙照顧小孩或送你一些東西等等，但若是要幫忙尋較好的工作，那他們不一定能幫上忙。

　　很多人之所以在事業上有重大的突破，大多是靠商界的朋

友引介人才。

　　假若你能多認識一些公司以外的商界朋友，那麼日後獲聘擔任其他公司較高職位的工作機會也相對增加。

　　僅僅是結交朋友還不夠，有時候還必須和他們敘敘舊，以便需要他們或時機成熟時，可以當成你的伯駒，助你一臂之力。

　　當一位十年沒見的商界朋友突然打電話給你，並邀你一同聚餐時，通常會有兩件事發生：(1)你將要支付這次聚餐的費用，(2)你的朋友正在找工作。

　　當你真正需要找工作或換工作時，不宜施展「騎朋友這匹馬」的策略，通常為時已晚了，若想順利地騎上朋友這匹馬，就得時常和商界朋友保持聯繫。

　　平時可以寄些他們感興趣的文章，或是當其升遷時去電致賀，有媒體報導他們時，可以將文章剪下來寄給他們。

　　千萬不要以為他們一定會看到。當他們收到相關報導時會十分感動。

　　你所騎的第四匹馬是新觀念。雨果在他死前的那個晚上曾在日記上寫著：「沒有任何東西，即使是全世界所有的軍隊也一樣，能夠阻擋契合時代的新觀念來臨。」

　　每個人都知道新觀念比任何東西還能幫助一個人晉陞，可是有時候又對新觀念期望過高。他希望此一新觀念不僅要偉大，也要別人認為它很偉大。

　　世界上並沒有如此的觀念。假若你一直等，直到新觀念被大家所接受就太遲了，別人早就捷足先登率先使用了。

　　或者是，套句幾年前所流行的一句話：「任何極為明確的

事物已經漸漸邁入被淘汰的行列了。」

若想騎上新觀念這一匹馬，你必須願意時常暴露在荒謬及矛盾之中，也必須願意違反時代潮流。

假若你不願挺身而出，是不可能成為新觀念的倡導者。你必先遭到一陣辱罵，然後才是等待時機的來臨。

根據心理學家查爾斯‧奧斯古（Charles Osgood）的說法：「一種原理的有效性是在反對者不斷地橫加阻撓後才顯現出來。不論在哪種領域，假如人們認為一種原理非常荒謬且易於加以反駁，大多會傾向於忽視它的存在。反過來說，假如有一種原理很難反駁，也使得人們對其原來的基本看法及態度產生了懷疑，甚或發生了認同的危機，那他們一定會致力找出該種原理錯誤的地方。」

因此，千萬不要害怕衝突。

假若世上沒有希特勒，那邱吉爾可能至今仍是個默默無聞的小人物呢！可是就在希特勒被除去之後，也是英國大眾第一次有了將邱吉爾趕出辦公室的大好機會。

還記得萊布雷斯在音樂會上被批評得體無完膚之後說了些什麼話嗎？他說：「我一路哭叫著跑到河邊。」

一個新的觀念或看法若沒有衝突性，根本就稱不上是個觀念或看法。

你所騎的第五匹馬是信心。這是指對於他人和自己新觀念的信心。向外找尋協助以及向外尋求財富的重要性，可以從以下這則一生都在潦倒中度過的人的故事中體會出來。

這個人的名字是雷克‧洛克（Ray Kroc），他的年齡已相當大，而且失敗總一直不停地環繞著他。直到他遇到兩位年輕

人後，生命才有了改變，而且也將種種的失敗及不如意一腳踢開了。

這兩位年輕人是兄弟，他們空有新的觀念，可惜的是信心不足，於是他們就把他們的新觀念及名字，以極少的錢賣給了這位老人。

結果，雷克·洛克成為美國最有錢的人之一，擁有數億美元的財富。

至於那兩兄弟呢？他們後來變成了麥當勞兄弟，今後每當你吃麥當勞漢堡時請記住，麥當勞是藉著外人的視野、勇氣以及毅力，才擁有今天如此成功的局面。

還有另外一匹馬。這是一種平庸、固執，而且脾氣極不穩定的動物。雖然人們常常想騎上去駕御它，卻鮮有成功的。

這一匹馬就是你自己。靠自己一己之力而在商場或人生中有所成就並非不可能，只不過相當困難。

商場和人生一樣，都是一種社交活動，需要大量的合作以及大量的競爭。

就以銷售為例，你無法單獨一個人完成任何一項交易，至少總得有一個人來向你購買才會構成交易。

因此，請切記，時常獲勝的騎師不一定是最聰敏、最輕盈，或是最強健的，各項條件都最優良的騎師反而贏不了任何的競賽。

時常獲勝的騎師通常都是因為他騎的是最好的馬，才能成為常勝軍。

因此，好好地挑一匹馬來騎吧！

第24章
為你的業務定位

在開始實行定位計畫之前，先問自己六個問題。

你的定位計畫是如何開始的？

這並不簡單。一般人都常會急著解決問題，卻不先思考問題。在下結論前先冷靜且有組織地思考你的處境會比較好。

以下六個問題可以用來問問你自己，它們對你的思考過程有幫助。

千萬不要被蒙騙了。這六個問題問起來很簡單，但回答起來可是相當困難的。這些問題都和心靈追尋等議題有關，因此可以用來考驗你的勇氣和信心。

一、你擁有什麼樣的定位？

定位就是反其道而行的思考。也就是不從自己著手，而是要從消費者的心理著手。

先不要問自己是什麼，而要問你在消費者的心裡占有什麼樣的定位。

在這個溝通過度的社會裡，改變人心是件相當困難的事，倒不如從早已存在的地方著手要來得容易多了。

在探索消費者的心理狀態時，千萬不要讓自我給搞砸了。

「你擁有什麼樣的定位？」這個問題的答案應從市場裡探求，而不應從行銷經理的身上探求。

假如這樣的調查必須花費一些經費，那也省不得，該花的一定要花。事前知道所要對抗的是什麼，要比事後發覺一切都已太遲、且已於事無補要好太多了。

千萬不要心胸狹窄。一定要掌握住大原則，至於細節則是次要的。

塞伯納所面臨的問題並不是只有塞伯納這家航空公司才會面臨，而是整個國家——比利時都面臨相同的問題。

七喜所遭遇到的問題並不僅僅是表面上的「消費者對檸檬飲料的看法」而已，應該是「消費者的心幾乎完全被可樂這種飲料占滿」的問題。「給我來瓶汽水」，這句話對許多人來說應該是指有人想喝可口可樂或百事可樂，幾乎沒有人會想七喜的。

掌握住整個飲料界的大原則之後，有助於七喜研發出成功的非可樂策略。

今天有很多產品的處境都和七喜尚未推出非可樂策略前非常相似，消費者對它的印象要不是不深刻，就是完全沒印象。

你所必須做的就是找出早已存在於消費者心中的產品、服務或概念，並將自己的產品、服務或概念和其連上關係。

二、你想擁有什麼樣的定位？

在經過長時間的細心觀察之後，你應詳細考慮並找出所能

擁有的最佳定位。關鍵字在於「擁有」。很多定位策略所鎖定的目標幾乎不可能達成，因為那個定位早就被人搶先占去了。

福特汽車無法成功地為 Edsel 在市場上定位，其中一個主要原因，就在於消費者心中的中價位汽車階梯，早已堆滿了各種中價位品牌的車子，容不下任何新的品牌了。

反過來說，當李察生‧麥瑞爾為其新產品在康得和德利斯坦等強敵環伺的感冒藥市場尋找生機時，他很聰明地避開了和大藥廠知名產品直接衝突。當康得和德利斯坦正在為白天服用的感冒藥市場激烈廝殺時，李察生‧麥瑞爾將其「寧奎爾」（Nyquil）定位為夜間服用的感冒藥。

結果，寧奎爾成了近幾年來，銷售量最成功的新藥品。

有時候你可能會需索過度了。你想擁有一個非常廣泛的定位，然而這種定位是無法深植在消費者的心中。即使可以，也會輕易地就被寧奎爾等新興產品所擊倒。

這當然就是前面所提過的將產品賣給所有的人的陷阱，而其中最佳案例就是瑞哥（Rheingold）啤酒的廣告活動。瑞哥的製造商想將瑞哥啤酒鎖定在紐約市的藍領階層。（這當然是個不錯的目標，因為該階層的人數不僅眾多，喝起啤酒來也是一杯接一杯地豪飲。）

於是，該啤酒製造商就製作了義大利人喝瑞哥、黑人喝瑞哥、愛爾蘭人喝瑞哥、猶太人喝瑞哥等的多支廣告。

結果，這些廣告不僅沒有達到讓每個人都喝瑞哥的目標，反而造成了沒有人想喝瑞哥的後果。理由其實很簡單：對其他種族產生偏見是人性之一，當某一種族的人看到另一種族的人也在喝同一品牌的啤酒時，這個種族的人就不屑去喝該品牌的

啤酒。

事實上，此一廣告活動唯一達成的目標，就是分化了紐約市的各個種族。

在你的事業中，也很容易犯下相同的錯誤。你若想將自己塑造成一個萬事皆通的專家，到頭來可能是個萬事皆鬆的人。倒不如將你的專業知識固定在某一點，將自己塑造成某領域非常專業的專家，而不是個萬事通萬事鬆的人。

今日的就業市場屬於能將自己定位在某一特定領域的專業人才。

三、你的火力必須勝過誰？

假如你原先所計畫的定位策略，必須和市場的龍頭老大面對面真槍實彈地一搏，那可千萬使不得，避開障礙比克服障礙要聰明多了。先退一步，再選擇出一個尚無強大對手出現的市場作為定位。

這不僅要花時間從你的角度來衡量整個情形，同樣的也必須花時間以競爭對手的角度來衡量。

消費者不是在購買，而是在做選擇。在眾多啤酒品牌中做選擇，在眾多電腦品牌中做選擇。如此一來，你產品的優缺點反倒沒有產品定位來得重要。

一般來說，若想為自己的產品開創出一個可行的定位，一定要對其他品牌，甚至是整個產品市場做重新的定位。例如泰諾在阿斯匹靈市場裡的作為就是如此。

請注意，當你無法和競爭對手相抗衡時，情況會是如何？

必治妥（Bristol-Myers）藥廠花費了3500萬美元來促銷諾普靈（Nuprin），美國家用產品（American Home Products）公司也花了4000萬美元來促銷艾德維（Advil），這兩種產品都含有一種名為艾普波芬（ibuprofen）的新型鎮痛劑。

但這兩種產品都無法將已在止痛藥市場居龍頭地位的泰諾加以重新定位。結果是，這兩種產品都只擁有極小的銷售量。

在行銷時所遭遇到的最大難題，就是如何與競爭對手相抗衡。

四、你有足夠的資金嗎？

一個定位策略若想成功，必先掃除「化不可能為可能」的障礙。想在消費者心中留下印象需要花費金錢，想要建立定位需要花費金錢，在取得穩固的定位之後也需要花費金錢來鞏固此一定位。

今天，整個市場的噪音強度很高，有太多「我也想要」的產品和「我也想要」的公司，虎視眈眈地想在消費者心中建立深刻的印象，使得連想獲得注意都顯得格外困難。

一整年的時間裡，人類心靈大約接觸二十萬則廣告訊息。你若是知道僅僅三十秒就耗資50萬美金的超級盃美式足球廣告，也只不過是這二十萬則中的一個而已時，就可以了解從事廣告的人勝算真的不大。

這也是為何像寶鹼這樣的強大競爭對手每當有新產品推出時，會毫不吝惜地投下50萬美元的廣告資金，然後睥睨地看著眾多競爭對手說：「一齊來下賭注吧！」

假如你無法編列足夠的資金，以便在廣告競爭時有較大的聲音，那你精心推出的新產品很可能就會被寶鹼這種市場巨型怪物給吞噬掉。和市場巨獸相抗衡的一個好方法，就是減少抗衡的地理範圍。你在推出新產品或新理念時，務必將目標鎖定在地區市場對地區市場的範圍內，而不是將目標鎖定在全國、甚至是國際市場上。

由於廣告經費有限，因此將此筆經費運用在針對一個城市的廣告要比針對數個城市的廣告來得有效。假如你在某個城市或某個據點行銷成功之後，就可以運用此一相同的廣告到其他城市推展行銷工作。

另外，假如你的產品已成為紐約地區的威士忌銷售冠軍（紐約是全美威士忌銷售量最大的地區），接著要將此產品推廣到全美其他各地，應是易如反掌。

五、你能堅持到底嗎？

由於一個主張接一個主張地更替，很多人或許會認為這個溝通過度的社會時常在改變。

對於改變的因應之道，很重要的就是要有長遠的觀點。先決定你的定位是什麼，然後堅持到底。

定位是一種具有累積性質的概念，也需要依賴廣告長期性地支持。

你必須年復一年地堅持，絲毫不能有所改變。大多數成功的公司都很少改變其制勝的策略。萬寶路香菸廣告裡的「男人騎馬消失在太陽中」，此廣告多年來幾乎一成不變。克利斯特

多年來鎖定在防治蛀牙的政策一直都沒有改變，如今已快邁進防治第二代的小孩身上了。一家公司若想有所不同，其策略上所做的改變要比採用原策略更大費周章。

除非萬不得已，還是千萬不能改變其基本的定位策略。**需要改的只是屬於短期性的技巧或戰術，而其目的也是用來輔助屬長期性的策略。**

也就是說，對於基本策略要堅持到底，並加以改進。找出新方法來將基本策略廣告化及生動化；找出新方法來避免枯躁無趣。

在消費者心中擁有一個定位就像擁有一份價值昂貴的房地產。一旦放棄了，就不可能再要回來。

延長線效應的陷阱就是一個很好的例子。當你企圖延長你的品牌名以作為其他新產品的品牌時，同時也正在削弱你基本的定位。一旦流失了基本定位，你將如同一艘沒有錨的船，毫無目標地漂流著。

李維牛仔服裝公司利用延長線效應想進軍休閒服市場，卻發現其原來在牛仔服裝界的基本定位被其新推出「行家的設計」的牛仔服裝削弱了不少。

六、你和你的定位相稱嗎？

具有創意的人常常會抗拒定位觀念，因為他們認為這會限制了他們的創意。

定位的觀念確實會限制人們的創造力。

傳播界的一大悲劇，就是看到一個機構按部就班並使用各

種圖表和表格來規畫策略，並將此一策略交由具有創意的人來執行。可是這些具有創意的人我行我素地以自己的方式工作，使得一個好策略消失不見，從來未被人所知。

任何一個機構遇到此種情形，倒不如按照計畫一步步地執行策略，而不是運用由具創意的人所擬定的花俏卻不切實際的廣告。

「艾維斯只不過是第二大租車公司，那為什麼要向我們租車呢？因為我們比別人更努力。」這個廣告詞聽起來既像廣告又像是行銷策略，事實上，兩者兼具。

你和你自己的定位相稱嗎？例如，你的穿著是否告訴世人你是位銀行家、律師或藝術家呢？

或者你寧願穿富創意的服飾來削減自己的定位呢？

創意本身是毫無價值的，只有當創意從屬在定位的目標和策略之下，才能真正有所貢獻。

局外人的角色

有時會問這樣的問題：我們是要自己來替自己定位或是請別人來幫我們定位？

經常在就業市場受重用的人是位傑出的廣告商。廣告商嗎？有誰需要麥迪遜大道廣告商的協助呢？

每個人都需要。可是只有有錢人才有錢僱用廣告商，其他的市井小民必須學會替自己做廣告，必須學會如何從局外人的身上獲取寶貴的材料。

局外人能夠提供什麼呢？一種叫做「無知」的材料。換句

話說，也就是客觀。

由於局外人對公司內部情形完全不清楚，使得他對公司外部的情形——消費者的心理，能有較佳的了解。

局外人傾向於站在消費者立場的想法，局內人則傾向於公司一廂情願的想法。

廣告商、公關公司或行銷顧問，所能提供、最重要的材料就是客觀。

局外人無法提供的東西

簡單地說，就是魔術。有些企業的經理都深信，廣告商的角色就是揮舞著魔術棒，就能讓顧客像著魔般地衝出門到商店購買其產品。

這枝魔術棒當然就是所謂的創意，它是廣告業每位新進人員一直想追求的東西。

一般人總是認為廣告商能夠創造一些東西，而傑出的廣告商通常都被認為全身上下充滿了創意，可以被他們任用來製作優良的廣告。

在廣告圈裡，有一則極具創意的廣告公司的故事。這家廣告公司太富創意了，讓它具有點石成金的神奇力量。

或許你也聽說過此一廣告公司的名稱，因為它的公司名稱也非常具有創意——蘭普利斯提爾斯金公司（Rumplestiltskin In.，一個自行杜撰的字）。

該公司的種種傳說至今仍流傳著，直到今天甚至還有人認為它能點石成金。

這是不真實的。廣告公司沒有點石成金的神奇力量，假如它們具有如此神奇的力量，早就在黃金產業大發利市了，又何苦堅守廣告業的崗位呢？

　　在今天，創意早就死了，麥迪遜大道上眾多廣告公司所玩的，都是一種名為定位的遊戲。

第25章
玩定位的遊戲

想要定位成功，必須擁有正確的心態，你必須是一個以消費者立場為出發點的擁護者，而不是只以公司立場為出發點。

　　有些人在玩定位的遊戲時遭遇了難題，這完全是因為他們太過於迷信字詞了。

　　他們總是誤認為字詞含有很多意義，寧願讓韋氏大字典來支配他們的生活。

你必須了解字詞的角色

　　過去數十年來，語意學也一再地指出，字詞並不包含任何的意義。意義並不顯現在字詞中，而是顯現在使用文字的人當中。

　　沒有裝上糖的罐子是不能被稱為糖罐，字詞若不被人使用也不具有任何含義。

　　假如將糖裝進破洞的罐子，那是沒有用的。同理，假如你想對有破綻的字詞賦予含義的話，那也是功虧一簣。最好還是揚棄具有破綻的文字，使用其他的字詞。

　　「福斯」汽車（德國名 Volkswagen，為國民車的意思）這

兩個字完全無法表達出中型豪華車的形象，因此應加以揚棄並使用其他字詞，若換奧迪（Audi）這兩個字就比較能表現出來。公司主管並不堅持更換車名，他們認為既然是由福斯車廠所產製的，就應該使用福斯這兩個字為車名。從這裡我們可以看到固執的心靈是如何阻礙了定位策略的成功發展。（當福斯汽車在美國市場失利的同時，奧迪卻大發利市。奧迪現在的銷售量已超越BMW，正節節逼近賓士汽車。）

在今天若想定位成功，心靈的彈性一定要很高。你在挑選字詞時，輕視字典的程度一定要像輕視歷史一般，才不會過分食古不化。

這並不是指文字傳統的被廣為接受的含義不重要，相反地，非常重要。你務必挑出最能表達你所要表達的意思的字詞來。

可是這樣一來合乎常理嗎？前面不是說過，字詞本身並不具有任何含義。字詞就像空罐子，一定要將其填滿時才具有意義。假如你想對一件產品、一個人，甚至是一個國家重新定位，通常都得先更換罐子。

就某方面來說，每個產品或服務都是一種包裝的貨物。假若不包裝在盒內出售的話，那品牌名就成為空盒子了。

你必須知道字詞如何影響人們

字詞就如同槍的扳機，它能觸動深埋在心靈裡的一些含義。

假如人們了解到這一點，就不會有為產品重新命名或是挑

選情緒性的字詞等錯誤產生了。

可是人們就是不能了解到這一點。大多數的人既不是完全地發狂，也不是完全地清醒，而是介於其間。

發狂的人和清醒的人究竟有何差異呢？發狂的人到底在做什麼呢？發展出通用語意學概念的阿弗烈德克吉布斯基（Alfred Korzybski）認為，發狂的人一直都在想將現實的社會和其腦中的世界做一調和。

認為自己是拿破崙的瘋子，一直企圖將這個概念套用在現實社會。

至於清醒的人則時常分析現實世界，然後更改其腦中原有的看法，以便能適應現實世界。

這對大多數的人來說都是相當麻煩的事。更何況，又有多少人願意時常變更其看法來適應現實環境呢？

若是能將現實加以改變來適應你的看法，那豈不容易多了。

發瘋的人一旦心意已決，接著就是找尋事實以證實其心意和看法。更常見的是，他們接受了其身邊的專家（通常是其親人）之意見，因而就不必對現實世界的事實堅持己見了。

從這裡就可以看到一個心理上正確名稱的威力了。人類的心靈總希望貨如其名。將跑車名取為「野馬」聽起來是要比取名為「烏龜」會給人一種快速、運動，以及競賽的感覺。

語言是心靈的電流。若想有概念地思考，必須有駕馭語文字詞的能力。挑選了正確的字詞之後，就能對思考過程有所影響。（人的心靈是和字詞一同思考，而不是和抽象的概念一同思考。舉學習語言為例，若想說得一口真正流利的外國語，例

如法文，就一定得學會以法文思考才行。）

然而這也是有其限制的。假如一個字詞和現實社會幾乎沾不上邊，心靈就會拒絕使用該字詞。

中華人民共和國通常都被稱為「赤色中國」，因為沒有人相信它會是一個「人民的共和國」（當然在該國國內，中華人民共和國無疑是一個相當有效的名字）。

求新求變時要特別小心

事情改變得愈多，維持一樣的機會就愈多。然而，當今有許多人都深陷於求新求變的迷思中，這個世界每天改變的步調似乎愈來愈快。

幾年前，一個成功的產品在消逝之前，大約可以在市場上活躍五十年左右。可是在今天，一個產品的生命週期短很多，有些產品的壽命甚至是以月計，而不是以年計。

經常不斷有新產品、新服務、新市場，甚至新傳播媒體的誕生。它們很快就茁壯了，但也很快就下台一鞠躬，進而被世人遺忘。於是，另一個新產品又加入市場，又開始展開其短暫的生命週期。

過去大眾媒體以雜誌為主，今天則是電視廣播網，到了明天，則可能是有線電視網。在今天，唯一永恆的東西就是改變。生命萬花筒的節奏愈來愈快，新的東西很快地竄起，但也很快地消逝。

求新求變已成為許多公司的生存之道。然而，為了趕上潮流難道就非得自己也大事改變嗎？那可不。

為了趕上快速改變的步伐，很多公司都製作了不少求新求變的企畫案，但是這些案子大多失敗了，而且失敗的殘骸竟已堆積如山。勝家企圖進軍家電用品市場，RCA企圖進軍電腦市場，將軍食品公司企圖進軍速食市場，至於數以百計揚棄全名而改用縮寫字母名的公司更是不用說了。

就在一片求新求變的聲浪中，也有一些公司堅守領域而不為所動，這些公司也都一直享有相當大的成就。例如美泰克（Maytag）還是堅持銷售高品質的器具，華德狄斯耐還是堅持銷售一個充滿趣味和幻想的世界給消費者，雅芳也不輕易求新求變。

拓大視野

求新求變只不過是時間之海中的一個波浪而已。從短期角度來看，這些波浪只會造成騷動和困擾；從長期的角度來看，波浪底下的潮流才是最重要的。若想和改變相抗衡，必須要有長期且廣大的視野，也必須決定好基本策略，並堅持到底。

改變一家大型公司的方向就好比將飛行中的巨無霸客機轉向一樣，必須花費大量的時間、精力和金錢才能從起跑點再出發。假若轉向錯誤，想飛回原來的航道就更麻煩了。

為了能成功地玩定位遊戲，你必須決定公司未來五年或十年的方針，而不是下個月或明年的方針。換句話說，一個公司必須堅持其既定的方向，而不隨波逐流。

你必須有視野。不應根據狹窄的科技就決定了公司的定位，也不應生產快過時的產品或是取個不討好的品牌名。

最重要的是，你必須能夠分辨什麼是可行的以及什麼是不可行的。

這聽起來很簡單，其實不然。當情勢好的時候，似乎每件事都是可行的；但是當情勢不好的時候，似乎沒有一件事是可行的。

千萬不能認為，只要努力，不管經濟大趨勢如何都會有斬獲，這是非常錯誤的想法。很多行銷專家之所以成功，幸運的成分居多，請務必小心謹慎。今天叱吒風雲被喻為行銷奇才的人，明天很可能就是排隊領取失業救濟金的人。

千萬要耐住性子。在今天做了正確決定的人，才能擁有光輝燦爛的明天。

假若公司能定位在正確的方向，就能夠不懼怕求新求變，反而能夠伺機抓住有利的機會。不過，當機會來臨時，必須行動快速。

具備勇氣

當你打開成功取得領導定位的公司的歷史時（從巧克力業的好時到租車業的赫茲等），你會發現，促使其成功的並不是行銷技巧，也不是產品的創新性，而是在競爭者取得定位前，先抓住機會加以定位。成功取得領導定位的公司，通常都是在情況仍大有可為時投入廣告行銷的資金。

試舉好時為例。好時曾在巧克力界取得穩固的定位，使得好時認為根本不需要做廣告來促銷，如此的自信是其競爭對手馬茲（Mars）所不敢存有的。

最後好時決定要做廣告，可是已經來不及了。今天，好時牛奶巧克力已不是市場的銷售冠軍了，甚至連前五名都排不上。

從上述案例可以看出，若想建立起龍頭老大的定位，不僅運氣好、抓得住時機，更重要的是，在其他人還在觀望甚至退縮時，有勇氣投下資金且不畏縮。

抱持客觀

若想在定位的紀元有所成功，必須相當坦誠，一定要擺脫決策過程中所有的自我和成見，因為自我和成見只會使議題更加模糊。

定位最後必須注意的是，要能客觀地對產品加以評估，並且要了解顧客或消費者對產品會產生什麼樣的觀感。

沒有籃板是無法打籃球的，你需要有人對你的主張或觀念加以反彈。在你認為已找到解決難題的主張或觀念的同時，也已喪失了某些東西。

所喪失的是你的客觀性。你需要他人以全新的看法來對你的主張或觀念加以審視。反之亦然，你也能以自己客觀的看法對別人的主張或觀念加以審視。

定位就像打桌球，都是由兩人一起打才能玩的遊戲。如此看來，本書由兩人合著也就不足為奇了。只有在置身於「給與取」的氣氛中，觀念或主張才能被加以精煉及成熟化。

簡單平實才是王道

在今天，只有明顯的觀念或主張才有效。傳播界過量的廣告早已使得廣告很難獲得成功。

然而，明顯的卻總是不那麼明顯。通用的老闆凱特林（Kettering）在其位於達頓市通用汽車研發大樓的牆上寫著：「當難題解決的時候一切就簡單了。」

「來自加州的葡萄乾是你的天然糖果。」

「汁多且肉多的堪斯柏格（Gainesburgers），不用罐子裝的罐裝狗食。」

「楊泡泡（Bubble Yun），口味最香甜的泡泡糖。」

這些都是當今運用簡單的觀念或主張就能奏效的廣告宣傳。簡單的概念或主張以簡單的字詞和直接的方式表達出來。

很多時候解決困難的方式過於簡單了，而使得大多數的人對它視而不見。然而，當一種觀念或主張很複雜或是太巧妙時，那可就得特別小心了。這樣的觀念或主張很可能不會成功，因為它不夠簡單。

證諸科學的歷史，我們可以發現，科學的精髓就在於凱特林的那一句話：「以簡單的方法來解決複雜的難題。」

有一家廣告公司的主管曾經堅持，會計主管必須將行銷策略貼在每一個計畫的後面。

如此一來，當客戶詢問其產品的廣告計畫怎麼做時，會計人員可以不慌不忙地拿出計畫並將貼在計畫後的策略唸給客戶聽。

可是，成功的廣告應該是簡單到「廣告就是策略」的地步。

那家廣告公司犯了一個大錯誤，不應把策略貼在計畫的後面。

訓練敏銳度

剛開始玩定位遊戲的人通常都會說：「怎麼這麼容易，只要找出一個定位，然後一切就沒事了。」

或許是很簡單，但絕不是件容易的事。

找出定位或許很簡單，但要找出有效的定位可就很難了。例如在政壇，選擇極右（保守派）的定位或是選擇極左（社會自由派）的定位是件很簡單的事，毫無疑問地可以在兩者中擇一定位。

可是毫無疑問地也會大敗特敗。

應該是在光譜中心的附近尋找定位。換句話說，在自由派人士中應帶點保守的色彩，或是在保守派人士中應帶點自由派的色彩。

這當然需要很大的自制力和敏銳度。**不論是商場上的大贏家或是人生中的勝利者，都知道如何在光譜中心找尋定位哲學，他們也都知道極端是絕對不會帶來任何好處的。**

有時候你可能會遭遇到定位成功但銷售失敗的情形，這種情形就將它稱做「勞斯萊斯思考」好了。

「本公司是這個產業裡的勞斯萊斯」，這是當今時常會在商界聽到的話。

你知道在美國勞斯萊斯每年的銷售量是多少嗎？

大概只有一千輛，只占汽車市場百分之零點零一的銷售

量。可是反過來說，凱迪拉克卻在美國每年賣出三十萬輛。

　　凱迪拉克和勞斯萊斯都是高級豪華車，但兩者在銷售量上的差距卻有天壤之別。對於一般的汽車買主來說，購買售價高達10萬美元的勞斯萊斯簡直是遙不可及的夢想。

　　可是凱迪拉克的情形卻完全不是如此。若想定位得以成功，其祕訣就在於要使兩樣東西能夠平衡：(1)獨特的定位，以及(2)訴求對象不應過於狹窄。

學會放棄

　　定位的基本精神就是犧牲。為了建立起獨特的定位，一定得有所放棄。

　　寧奎爾將目標鎖定在夜間服用的感冒藥之定位上，很自然地就必須放棄日間服用的感冒藥市場。

　　大多數行銷運作的重心卻正好相反。它們的目標在於利用延長線效應，以改變口味或增加尺寸，或是多層次配銷等方法來擴大其原有市場。結果是，短期內銷售量很可能大幅增加，但從長期的觀點來看，則是對其定位產生極大的傷害。

　　從定位的觀點來看，較小的或許會比較好。一般來講，鎖定在較小的目標以便能完全擁有，要比貪心地對準大目標，到後來卻要和多家競爭銷售量要來得有利多了。

　　若寄望產品的銷售能擴及各階層的消費者，又能不影響其在市場原有的定位，這是絕對不可能的。

要有極大的耐心

能夠在推出新產品時就以全國為銷售市場，這樣的公司畢竟只是少數。

一般的作法都是先設定某一或某幾個地點，等這些地點的銷售都成功之後，再擴大到其他地點。

依地理形勢來擴張是第一個好方法。在某一地區銷售成功後，再推廣到鄰近的地區，例如從東到西或從西到東等。

依人口分布來擴張是第二個好方法。菲利浦‧莫瑞斯在將萬寶路香菸成為大學校園裡香菸銷售冠軍的品牌之後，才將其目標擴大到全國的市場，並且也如願地成為全國銷售量最大的香菸品牌。

依時間先後次序來擴張是第三個好方法。先將產品的目標鎖定在某一個年齡層，然後再推廣到其他的年齡層。例如「百事可樂的一代」此一策略使得百事可樂先在年輕人階層中取得心理的定位，等到這些年輕的一代長大後，他們仍然喜歡喝百事可樂這種飲料產品。

配銷也是另外一種擴張的好方法。威娜（Wella）洗髮精則是先透過理容院經銷成功後，才交由商店和超級市場來經銷。

必須擁有世界觀

千萬不要輕忽了具備世界觀的重要性。只將目標鎖定在張三和李四，就一定會忽視了王五和林六等其他人。

行銷已快速地成為全世界都在玩的遊戲。在某一個國家已擁有穩固定位的公司也可以利用相同的定位策略，在其他國家大放異彩。例如，IBM在德國的電腦市場就占有百分之六十的銷售量。這樣的結果會令人感到驚訝嗎？應該不致於。在IBM的盈利中，超過百分之五十是來自美國以外的其他國家。

　　由於很多公司都開始擴展海外市場，這時卻發現面臨了品牌名的困擾。

　　最典型的例子就是美國橡膠（U. S. Rubber）公司，該公司的市場遍及全球，而且有很多在市場上行銷的產品，根本就不是橡膠製品。將公司名更改成優耐陸（Uniroyal）公司後，更獲得全球各地的認同。

不需要做的事

　　你不需要行銷奇才的名聲，事實上，此一聲譽很可能會毀了你。

　　時常可以看到的是，在某一產業的龍頭老大都將其成功歸功於行銷技巧，這真是非常錯誤的想法。這樣的結果是，龍頭老大認為能夠將此種行銷技巧運用到其他的產品和行銷市場上。

　　就以全錄為例好了，該公司將其在影印機產業的行銷技巧全數套用到電腦業，結果卻一敗塗地。

　　至於擁有多年行銷知識的大公司，如IBM也好不到哪裡去。到現在為止，IBM影印機業務仍是虧損連連，根本無法和影印業的龍頭老大全錄相抗衡。

定位的原則可以適用於各種產品。就拿罐裝貨品來說，必治妥曾推出法克特（Fact），想和克利斯特牙膏一爭長短，結果花了500萬美元的促銷費仍無進展。接著又推出瑞世福（Resolve），想和阿卡－西爾特茲爾（Alka-Seltzer）一較長短，結果又是白白花費1100萬美元，一無所得。最後，又推出了狄世福（Dissolve），想搶奪拜耳的寶座，結果也是造成大筆的財務損失。

很多公司飛蛾撲火式的和非專業領域的龍頭相競爭，實在令人費解。

或許人的心裡永遠都會燃起一股強烈的希望吧。可是根據統計，想分食市場大餅而和市場龍頭相競爭的案例，十件中有九件都是失敗收場。

再度重述定位的第一條原則：為了在爭奪消費者的心靈戰場中獲勝，千萬不要面對面地和市場上強大競爭者正面交鋒，不要面對面地對抗。

市場的龍頭擁有較佳的優勢——消費者心中認為它是第一的，在消費者心中的產品階梯中是位於最高的位階上。你若想讓自己的產品也能在產品階梯上往上爬升，就得遵循定位的原則。

在過度溝通、傳播媒體氾濫的社會中，所玩的遊戲名稱就叫做「定位」。

只有遵循定位原則的人，才能在這場遊戲中存活下來。

國家圖書館出版品預行編目資料

定位：在眾聲喧嘩的市場裡，進駐消費者心靈的最
佳方法/艾爾.賴茲(Al Ries), 傑克.屈特(Jack Trout)
著；張佩傑譯. -- 三版. -- 臺北市：臉譜出版，城邦
文化事業股份有限公司出版：英屬蓋曼群島商家庭
傳媒股份有限公司城邦分公司發行, 2024.02
　　面；　　公分. -- (企畫叢書；FP2218Y)
譯自：Positioning : the battle for your mind
ISBN 978-626-315-445-2(平裝)
1.CST: 廣告 2.CST: 廣告心理學

497.1　　　　　　　　　　　　　　112020048